ほんとうは こわい 植物《しょくぶつ》図鑑《ずかん》

小林正明 監修　高橋のぞむ 絵

大泉書店

序章《じょしょう》

ほんとうはこわい植物《しょくぶつ》の世界《せかい》へ

ようこそ

この本《ほん》を
手《て》に取《と》ったあなた。
これから、まだ知《し》らない
植物《しょくぶつ》のほんとうの姿《すがた》を
知《し》ることになります。

私《わたし》たちのまわりの
どこにでも
生《は》えている植物《しょくぶつ》。

小《ちい》さくて地味《じみ》な花《はな》、
大《おお》きくて目立《めだ》つ花《はな》、
知《し》っている植物《しょくぶつ》、
知《し》らない植物《しょくぶつ》。
いろいろありますが、
植物《しょくぶつ》って、
ただそこに
生《は》えているだけだと
思《おも》っていませんか。

この広《ひろ》い世《よ》の中《なか》には、
とても植物《しょくぶつ》とは思《おも》えないような
生《い》き方《かた》をしているものたちがいます――

植物《しょくぶつ》は、
水《みず》と光《ひかり》と二酸化炭素《にさんかたんそ》を使《つか》って
自分《じぶん》で養分《ようぶん》を作《つく》ります。
でもなかには、
肉食《にくしょく》の植物《しょくぶつ》がいます。

植物《しょくぶつ》は、その体《からだ》がさまざまな
動物《どうぶつ》のエサになっています。
でもなかには、毒《どく》やトゲをもち、
自分《じぶん》の身《み》を守《まも》る植物《しょくぶつ》がいます。

植物《しょくぶつ》は、根《ね》から地中《ちちゅう》の水《みず》と
養分《ようぶん》を吸《す》い上《あ》げています。
でもなかには、根《ね》からほかの
植物《しょくぶつ》の養分《ようぶん》を盗《ぬす》んでいる
植物《しょくぶつ》がいます。

植物《しょくぶつ》は、風《かぜ》に花粉《かふん》を飛《と》ばして、
運任《うんまか》せに果実《かじつ》を
みのらせるものがいます。
でもなかには、
虫《むし》に花粉《かふん》を運《はこ》ばせて、
確実《かくじつ》に果実《かじつ》をみのらせる
植物《しょくぶつ》がいます。

植物《しょくぶつ》は、人間《にんげん》だったら
住《す》めないような過酷《かこく》な場所《ばしょ》でも、
姿《すがた》を変《か》え、恐《おそ》ろしい見《み》た目《め》に
なりながらも生《い》きのびています。
ただじっとして見《み》える植物《しょくぶつ》も
あらゆる工夫《くふう》をして
したたかに
生《い》きているのです。

※この本《ほん》で紹介《しょうかい》している植物《しょくぶつ》は、むやみに触《さわ》らない、採《と》らないようにしましょう。

第《だい》2章《しょう》 毒《どく》がこわい

第《だい》5章《しょう》 生《い》き物《もの》をあやつってこわい

第《だい》6章《しょう》 見《み》た目《め》がこわい

第《だい》1章《しょう》

肉食《にくしょく》で

こわい

おとなしいと
思《おも》いこんでいたら
びっくりしますよ。
必要《ひつよう》なもの、
好《す》きなものは
それぞれです。

ハエトリグサ

内側《うちがわ》の毛《け》に2回《かい》触《さわ》ると、
0・5秒《びょう》で閉《と》じこめる

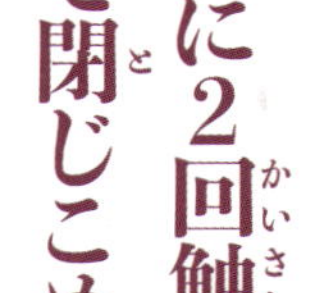

ハエトリグサはハエやアリ、クモなどを食《た》べる食虫植物《しょくちゅうしょくぶつ》です。

食虫植物《しょくちゅうしょくぶつ》の獲物《えもの》を捕《つか》まえる葉《は》を捕虫《ほちゅう》葉《よう》と言《い》い、ハエトリグサの捕虫葉《ほちゅうよう》は二《に》枚貝《まいがい》のような形《かたち》をしています。開《ひら》いている捕虫葉《ほちゅうよう》に虫《むし》が入りこみ、葉《は》の内側《うちがわ》の毛《け》に2回触《かいさわ》ると、**0・5秒《びょう》の早《はや》さで葉《は》が閉《と》じ、**虫《むし》を閉《と》じこめます。

ポイントは、毛《け》に**2回触《かいさわ》らないと閉《と》じないところ。**これは確実《かくじつ》に虫《むし》を捕《と》らえ、雨粒《あまつぶ》やゴミを見分《みわ》ける見事《みごと》な方法《ほうほう》です。

捕《つか》まった虫《むし》がもがくとますますしめつけ、**クモのようなやわらかい体《からだ》の虫《むし》は押《お》しつぶされて**しまいます。あとは消化液《しょうかえき》で虫《むし》の体《からだ》をじわじわ溶《と》かし、養《よう》分《ぶん》を吸収《きゅうしゅう》します。1週間《しゅうかん》ほどで再《ふた》び葉《は》を開《ひら》き、次《つぎ》の獲物《えもの》が来《く》るのを待《ま》ちます。

ハエトリグサ（蠅捕草）

分布《ぶんぷ》……北《きた》アメリカ
生育場所《せいいくばしょ》……海岸《かいがん》の湿原《しつげん》
高《たか》さ……5〜10ｃｍ
別名《べつめい》……ハエジゴク、ハエトリソウ

ムジナモ

0.03秒《びょう》で獲物《えもの》を捕《と》らえる恐《おそ》るべき早《はや》ワザ

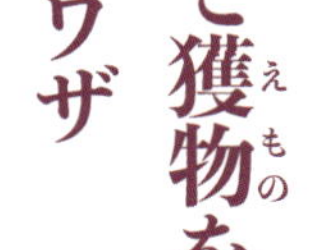

ムジナモは水面《すいめん》に浮《う》いて育《そだ》つ水生《すいせい》の食虫植物《しょくちゅうしょくぶつ》です。体《からだ》を支《ささ》える根《ね》は必要《ひつよう》ないのでありません。風車《かざぐるま》のように茎《くき》を取《と》り巻《ま》いてついている捕虫葉《ほちゅうよう》を水中《すいちゅう》に伸《の》ばしています。捕虫葉《ほちゅうよう》の大《おお》きさは3～4ミリという小《ちい》ささで、獲物《えもの》のボウフラやミジンコを待《ま》ち構《かま》えます。

捕虫葉《ほちゅうよう》の内側《うちがわ》には30～40本《ぽん》の毛《け》が生《は》えていて、獲物《えもの》がこの毛《け》にふれると**わずか0・03秒《びょう》で葉《は》を閉《と》じ**、獲物《えもの》を閉《と》じこめます。そして**葉《は》をねじるようにして獲物《えもの》をしめつけ**、時間《じかん》をかけて消《しょう》化《か》、吸収《きゅうしゅう》します。捕虫葉《ほちゅうよう》は透《す》き通《とお》っているので、中《なか》で**もがき苦《くる》しむ獲物《えもの》のおぞましいようす**がうかがえます。

そんな恐《おそ》ろしいムジナモも、水《みず》の汚《よご》れにはとても弱《よわ》く、数《かず》を減《へ》らしていて、絶滅危惧種《ぜつめつきぐしゅ》に指定《してい》されています。

ムジナモ（貉藻）

分布《ぶんぷ》……ヨーロッパ、アジア、オーストラリア
生育場所《せいいくばしょ》……池《いけ》や沼《ぬま》、水田《すいでん》
長《なが》さ……10～20ｃｍ

モウセンゴケ

くっついたらはなさない、虫《むし》を捕《と》らえる恐怖《きょうふ》の毛《け》

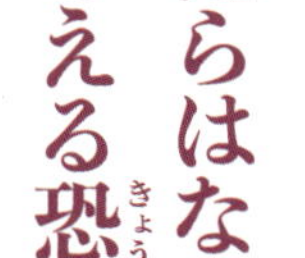

モウセンゴケの葉《は》の表面《ひょうめん》には、**1枚《まい》につき200本《ぽん》ほどの毛《け》が密生《みっせい》**しています。ふくらんだ毛《け》の先端《せんたん》からは、虫《むし》を捕《と》らえるネバネバした粘液《ねんえき》や、虫《むし》の体《からだ》を溶《と》かす消化液《しょうかえき》を出《だ》します。

虫《むし》が毛《け》の粘液《ねんまく》にうっかりふれると、くっついて逃《のが》れられなくなります。すると、**虫《むし》をつけたままの毛《け》が葉《は》の中心《ちゅうしん》に向《む》かって曲《ま》がっていきます。**虫《むし》がもがくほど、ほかの毛《け》もしだいに曲《ま》がり、ついには丸《まる》い葉《は》ににぎられたようにすっかり押《お》さえこまれてしまいます。

獲物《えもの》を捕《と》らえた葉《は》は、今度《こんど》は**毛《け》の先端《せんたん》から消化液《しょうかえき》を出《だ》し、虫《むし》の体《からだ》を溶《と》かして吸収《きゅうしゅう》**します。

木《き》の枝《えだ》などには反応《はんのう》せず、粘液《ねんえき》を出《だ》さなくなりますが、**人間《にんげん》の髪《かみ》の毛《け》には反応《はんのう》した**という実験結果《じっけんけっか》があります。

モウセンゴケ（毛氈苔）

分布《ぶんぷ》……日本各地《にほんかくち》、北半球《きたはんきゅう》の温帯《おんたい》～寒帯《かんたい》
生育場所《せいいくばしょ》……日《ひ》あたりの良《よ》い湿地《しっち》
葉《は》の大《おお》きさ……直径約《ちょっけいやく》１ｃｍ

ウツボカズラ

足《あし》をすべらせたら最期《さいご》、
そこは体《からだ》を溶《と》かす液体風呂《えきたいぶろ》

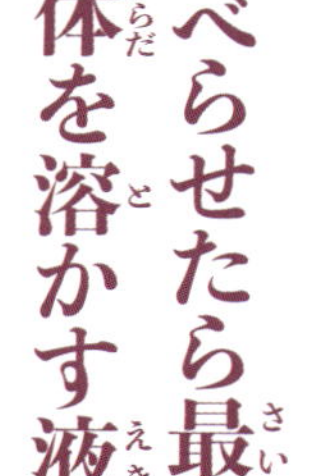

ウツボカズラは落《お》とし穴式《あなしき》の罠《わな》をしかける、つる性《せい》の食虫植物《しょくちゅうしょくぶつ》です。葉《は》の先《さき》が風船《ふうせん》のようにふくらんで、落《お》とし穴《あな》となる袋状《ふくろじょう》の捕虫葉《ほちゅうよう》になり、さらにふたまで作《つく》ります。

ふたには虫《むし》をおびき寄《よ》せる匂《にお》いと蜜《みつ》が用意《ようい》され、捕虫葉《ほちゅうよう》の底《そこ》には**虫《むし》の体《からだ》を溶《と》かす強《つよ》い酸性《さんせい》の消化液《しょうかえき》**がたまっています。蜜《みつ》を目当《めあ》てにやってきた虫《むし》は、つるつるしている捕虫葉《ほちゅうよう》の縁《ふち》から消化《しょうか》液《えき》の中《なか》へドボン。**もがいているうちに、しだいに体《からだ》が溶《と》けていく**のです。ハエなら数日《すうじつ》で皮《かわ》だけに、カやブヨなら数《すう》時間《じかん》で溶《と》け、それまでの**甘《あま》い香《かお》りから一転《いってん》、悪臭《あくしゅう》を放《はな》ちます。**

ウツボカズラの仲間《なかま》は世界《せかい》で約《やく》70種《しゅ》が知《し》られていて、**大《おお》きいものにはネズミや小鳥《ことり》が落《お》ちる**こともあります。

ウツボカズラ（靫葛）

分布《ぶんぷ》……東南《とうなん》アジア
生育場所《せいいくばしょ》……熱帯《ねったい》の林縁《りんえん》
捕虫葉《ほちゅうよう》の大《おお》きさ……10～15ｃｍ
別名《べつめい》……ネペンテス

ゲンリセア

一度《いちど》迷《まよ》いこんだら出《で》られない、
地獄《じごく》へとつながる一本道《いっぽんみち》

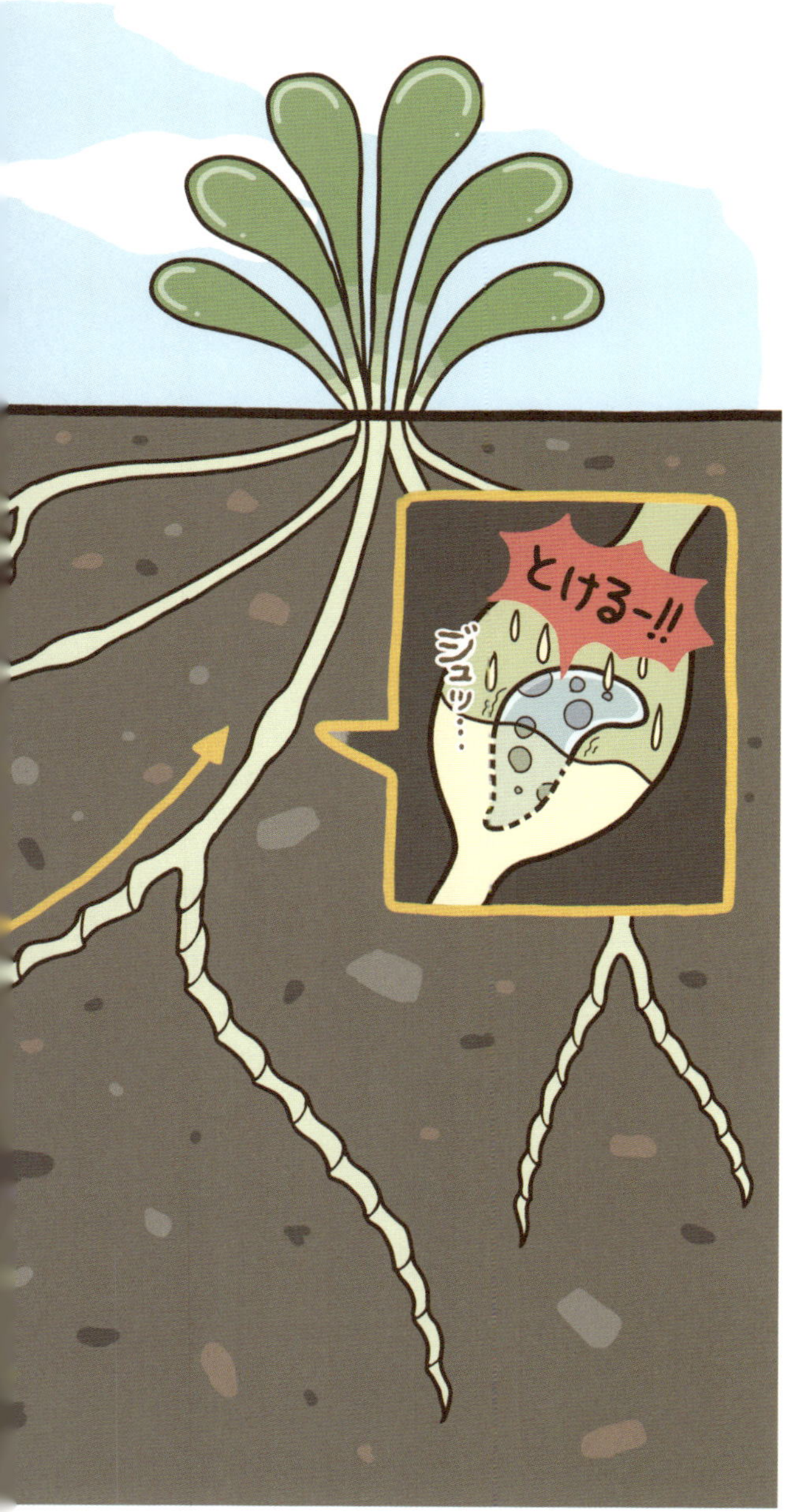

ゲンリセアは、地上《ちじょう》に光合成《こうごうせい》を行《おこな》う葉《は》を、地下《ちか》に獲物《えもの》を捕《と》るための捕虫葉《ほちゅうよう》をもつ食虫植物《しょくちゅうしょくぶつ》で、根《ね》はありません。水中《すいちゅう》や土中《どちゅう》にくらす微生物《びせいぶつ》が獲物《えもの》です。

茎《くき》は地下《ちか》に伸《の》び、その先《さき》につく**葉《は》が逆Y字形《ぎゃくワイじがた》の捕虫葉《ほちゅうよう》に変形《へんけい》**しています。

捕虫葉《ほちゅうよう》はらせん状《じょう》の管《くだ》になっていて、ところどころにある切《き》れ目《め》から微生物《びせいぶつ》が中《なか》に迷《まよ》いこみます。内側《うちがわ》の壁《かべ》には硬《かた》い毛《け》が内向《うちむ》きに生《は》え、**いったん入《はい》りこんだら最後《さいご》、微生物《びせいぶつ》は後戻《あともど》りができず**奥《おく》へ進《すす》むしかありません。そして、Y《ワイ》字合流点《じごうりゅうてん》の先《さき》にあるふくらんだ部分《ぶぶん》に取《と》りこまれ、**消化液《しょうかえき》に溶《と》かされて最後《さいご》はゲンリセアの養分《ようぶん》**となり果《は》てます。

栄養《えいよう》を得《え》たゲンリセアは、地上《ちじょう》の葉《は》も増《ふ》え、小《ちい》さなかわいらしい花《はな》を咲《さ》かせます。

ゲンリセア

分布《ぶんぷ》……中央《ちゅうおう》アメリカ〜南《みなみ》アメリカ、アフリカ南部《なんぶ》、マダガスカル
生育場所《せいいくばしょ》……湿地《しっち》や浅《あさ》い水中《すいちゅう》
葉《は》の長《なが》さ……0.5〜5ｃｍ

タヌキモ

あっという間《ま》に吸《す》いこまれ、
二度《にど》と生《い》きては出《で》られない

タヌキモは池《いけ》や水田《すいでん》に浮《う》かぶ水生《すいせい》の食虫植物《しょくちゅうしょくぶつ》で、茎《くき》には透明《とうめい》な袋《ふくろ》がたくさんついています。これは、ボウフラやミジンコなどの生《い》き物《もの》を捕《つか》まえるために、葉《は》が袋状《ふくろじょう》に変化《へんか》した捕虫葉《ほちゅうよう》です。捕虫葉《ほちゅうよう》の端《はし》には内側《うちがわ》に開《ひら》くふたがついていて、ふたの外側《そとがわ》には2対《つい》の硬《かた》い毛《け》が生《は》えています。普段《ふだん》の捕虫葉《ほちゅうよう》はぺたんこで、獲物《えもの》がこの毛《け》にうっかりふれると、ふたが勢《いきお》いよく内側《うちがわ》に開《ひら》き、**獲物《えもの》は水《みず》もろともあっという間《ま》に捕虫葉《ほちゅうよう》に吸《す》いこまれます。**中《なか》に入《はい》ったら最後《さいご》、ふたが閉《と》じ、**二度《にど》と生《い》きては出《で》られません。**獲物《えもの》はドロドロに溶《と》かされ、**透明《とうめい》だった消化液《しょうかえき》は黒《くろ》ずんで**いき、タヌキモの養分《ようぶん》として吸収《きゅうしゅう》されます。捕虫葉《ほちゅうよう》は水《みず》を出《だ》して再《ふたた》びぺたんこになり、次《つぎ》の獲物《えもの》を待《ま》ちうけます。

タヌキモ（狸藻）

分布《ぶんぷ》……日本《にほん》（北海道《ほっかいどう》〜九州《きゅうしゅう》）、アジア東部《とうぶ》
生育場所《せいいくばしょ》……池《いけ》や沼《ぬま》
捕虫葉《ほちゅうよう》の大《おお》きさ……2〜5mm
別名《べつめい》……ウトリクラリア

ムシトリスミレ

いい匂《にお》いの終点《しゅうてん》は、つかまった虫《むし》たちの地《じ》獄《ごく》絵《え》図《ず》

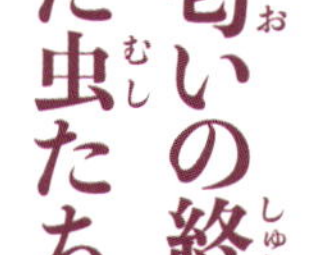

ムシトリスミレは、スミレにそっくりな花《はな》を咲《さ》かせる食虫植物《しょくちゅうしょくぶつ》です。**葉《は》から独特《どくとく》の匂《にお》いをプンプン漂《ただよ》わせて虫《むし》をおびき寄《よ》せています。**虫《むし》を捕《と》らえるのは、地面《じめん》にふせるように広《ひろ》がっている、**舌《した》のように柔《やわ》らかくて厚《あつ》みのある捕虫葉《ほちゅうよう》**です。捕虫葉《ほちゅうよう》の縁《ふち》は内側《うちがわ》にめくれていて、表面《ひょうめん》にはベタベタした粘液《ねんえき》を出《だ》す細《こま》かい毛《け》が密生《みっせい》しています。

ムシトリスミレの匂《にお》いにつられてのこのこやってきたアリが、このベタベタした捕虫葉《ほちゅうよう》の上《うえ》をうっかり歩《ある》いたり、ハエがついついとまったりすると、**たちまちくっついて逃《のが》れられなく**なります。こうしてまんまと獲物《えもの》がかかると、今度は**葉《は》の表面《ひょうめん》から消化液《しょうかえき》を出《だ》して**、獲物《えもの》の体《からだ》を溶《と》かし、養分《ようぶん》として吸収《きゅうしゅう》します。

ムシトリスミレ（虫取菫）

分布《ぶんぷ》……日本《にほん》（北海道《ほっかいどう》、本州《ほんしゅう》〜四国《しこく》の高山《こうざん》）、北《きた》アメリカ北部《ほくぶ》

生育場所《せいいくばしょ》……湿《しめ》った岩場《いわば》や草地《くさち》、石灰岩地《せっかいがんち》

捕虫葉《ほちゅうよう》の長《なが》さ……３〜５ｃｍ

最《さい》凶《きょう》食《しょく》虫《ちゅう》軍《ぐん》参《さん》上《じょう》!!

Q 食虫植物《しょくちゅうしょくぶつ》は、なぜ虫《むし》を食《た》べるの？

A 動物《どうぶつ》はほかの生《い》き物《もの》を食《た》べて栄養《えいよう》を得《え》ていますが、植物《しょくぶつ》は光合成《こうごうせい》をすることで、デンプンなどの養分《ようぶん》を自分《じぶん》で作《つく》っています。植物《しょくぶつ》はそのほか、地中《ちちゅう》の水分《すいぶん》に溶《と》けている窒素《ちっそ》、リン、カリウムなど、成長《せいちょう》に不可欠《ふかけつ》な養分《ようぶん》を根《ね》から吸収《きゅうしゅう》しています。

しかし植物《しょくぶつ》にも、罠《わな》で捕《と》らえた虫《むし》か

ら栄養《えいよう》を得《え》ている「食虫植物《しょくちゅうしょくぶつ》」がいます。その罠《わな》には、①はさみこみ式《しき》、②落《お》とし穴式《あなしき》、③誘《さそ》いこみ式《しき》、④吸《す》いこみ式《しき》、⑤くっつき式《しき》の5つのタイプがあります。

では、なぜ食虫植物《しょくちゅうしょくぶつ》は虫《むし》を食《た》べるのでしょう。ヒントは、生育《せいいく》している環境《かんきょう》にあります。食虫植物《しょくちゅうしょくぶつ》のほとんどは、ほかの植物《しょくぶつ》が生《は》えないような、養分《ようぶん》が少《すく》ない条件《じょうけん》の悪《わる》い土地《とち》に生《は》えています。光合成《こうごうせい》だけでも生《い》きられますが、実《み》をつけて繁殖《はんしょく》するためには、やはり窒素《ちっそ》やリンなどが必要《ひつよう》です。その足《た》りない養分《ようぶん》を、虫《むし》から補《と》っているのです。食《しょく》虫植物《ちゅうしょくぶつ》は、不利《ふり》な場所《ばしょ》で生《い》きる、たくましくも健気《けなげ》な植物《しょくぶつ》なのです。

第《だい》2章《しょう》

毒《どく》が

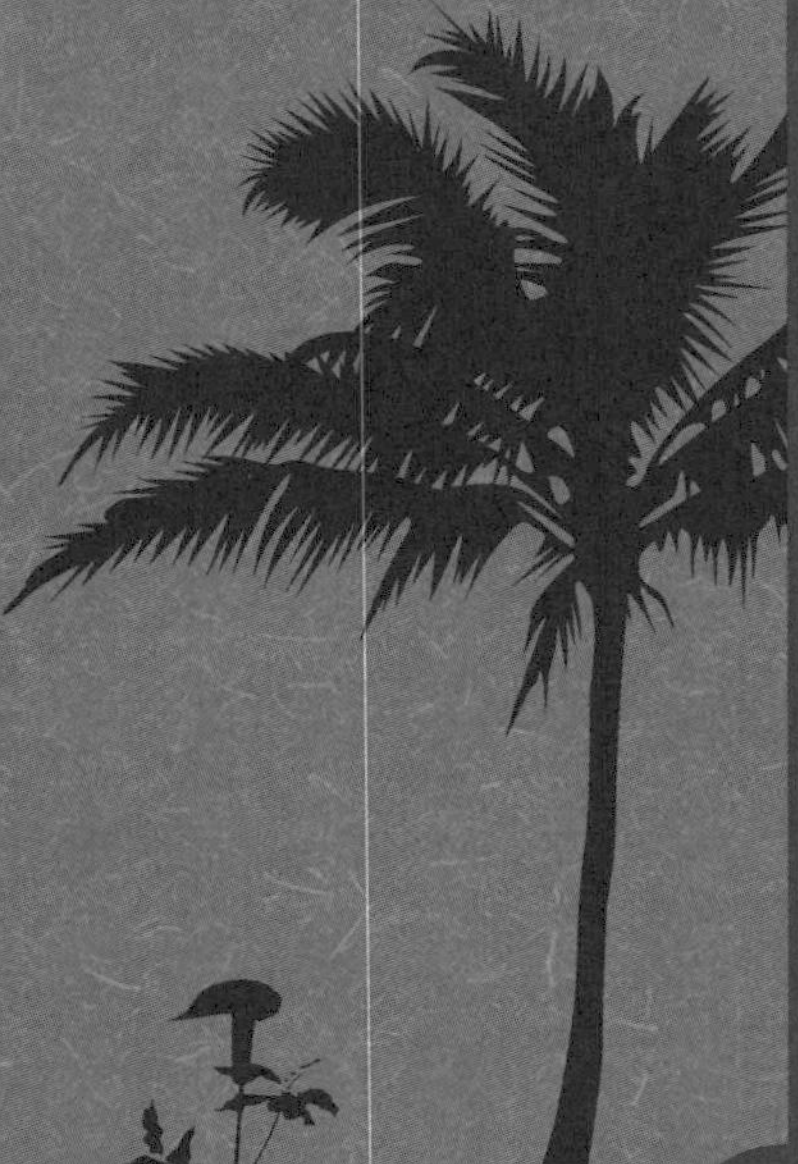

こわい

生《い》きのびるために
毒《どく》を使《つか》うことも
いとわない。
必死《ひっし》にならないと
いけない
世界《せかい》なのです。

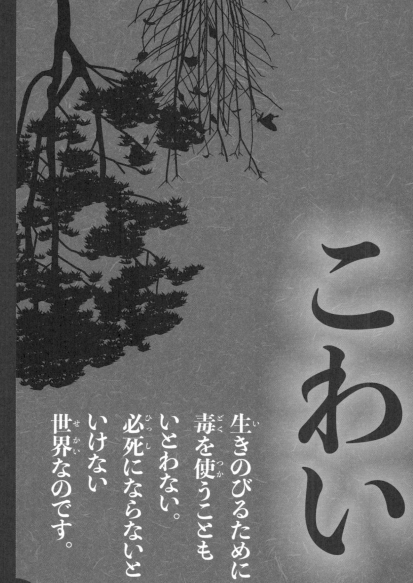

グロリオサ

美《うつく》しさの裏《うら》には、
全《すべ》てが毒《どく》という別《べつ》の顔《かお》あり

熱帯《ねったい》地方《ちほう》が原産《げんさん》のグロリオサは、火《ひ》が燃《も》えているような花姿《はなすがた》に強《つよ》い生命力《せいめいりょく》を感《かん》じさせ、英語《えいご》では「栄光《えいこう》の百合《ゆり》」と呼《よ》ばれています。日本《にほん》でも栽培《さいばい》され、クリスマスやお正月《しょうがつ》の飾《かざ》りに使《つか》われたり、女性的《じょせいてき》なイメージがあるユリのなかでは個性的《こせいてき》なため、男性《だんせい》への花束《はなたば》にも使《つか》われたりする人気《にんき》の花《はな》です。

しかし、この情熱的《じょうねつてき》で美《うつく》しいグロリオサは、**花《はな》、葉《は》、茎《くき》、根《ね》などその全《すべ》てに強《つよ》い毒性《どくせい》をもっています。**間違《まちが》えて食《た》べると、**吐《は》き気《け》や下痢《げり》、発熱《はつねつ》が引《ひ》きおこされ、最悪《さいあく》の場合《ばあい》、死《し》に至《いた》る**こともあります。

紛《まぎ》らわしいことに、**もっとも毒《どく》の強《つよ》い球根部分《きゅうこんぶぶん》**が食用《しょくよう》のヤマノイモに似《に》ているため、間違《まちが》えて食《た》べて死亡《しぼう》した例《れい》が日本《にほん》でも報告《ほうこく》されています。

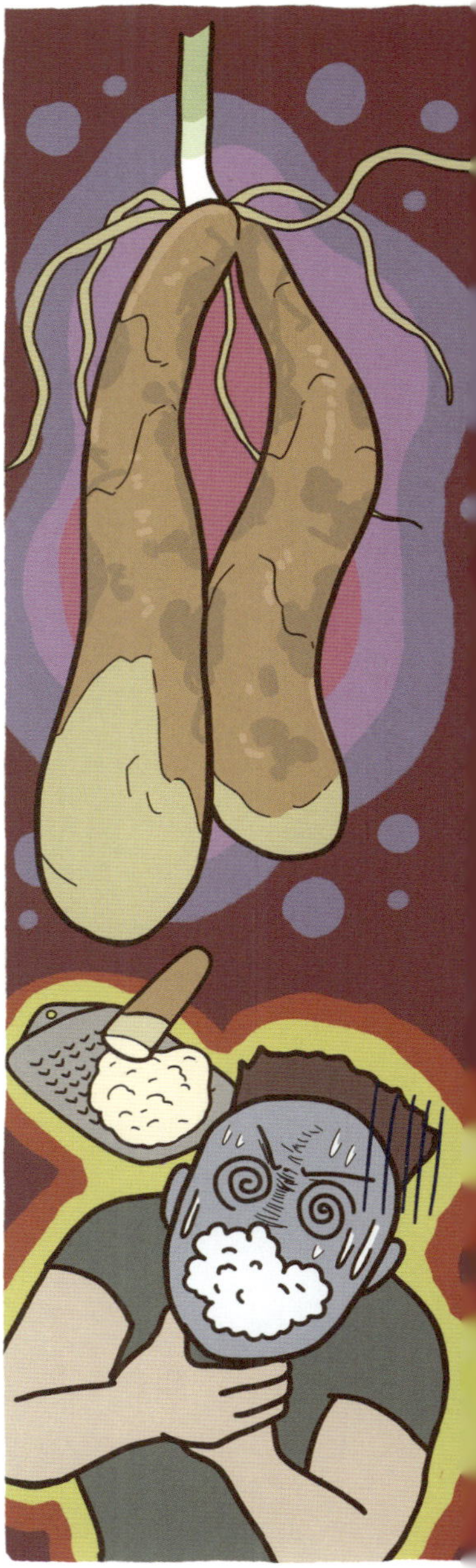

グロリオサ

分布《ぶんぷ》……熱帯《ねったい》アジア、アフリカの熱帯《ねったい》
生育場所《せいいくばしょ》……明《あか》るい林《はやし》や森《もり》
高《たか》さ……80～300ｃｍ
花言葉《はなことば》……栄光《えいこう》、勇敢《ゆうかん》、華麗《かれい》

スズラン

可憐《かれん》な姿《すがた》とは裏腹《うらはら》に、
死《し》に至《いた》らせる毒《どく》をもつ

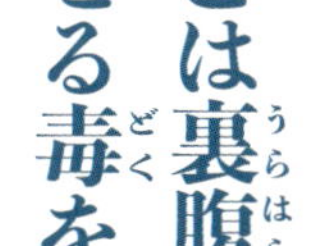

スズランは、1本《ぽん》の花茎《かけい》に香《かお》りのよい白《しろ》い花《はな》を複数《ふくすう》つり下《さ》げます。その可《か》憐《れん》な姿《すがた》から、「幸福《こうふく》の再来《さいらい》」「純粋《じゅんすい》」などの花言葉《はなことば》があり、結婚式《けっこんしき》のブーケやプレゼントにもよく使《つか》われます。

しかし、外見《がいけん》のいじらしさに惑《まど》わされてはいけません。スズランは、**全身《ぜんしん》に毒《どく》をもつ小悪魔《こあくま》**なのです。芽《め》が出始《ではじ》めた頃《ころ》の葉《は》は、山菜《さんさい》のギョウジャニンニクに似《に》ているので間違《まちが》えて食《た》べられ、悲劇《ひげき》が起《お》こります。

食《た》べて2～3時間後《じかんご》には吐《は》き気《け》や下《げ》痢《り》、頭痛《ずつう》があり、次《つ》いで心臓《しんぞう》がダメージを受《う》けて脈拍異常《みゃくはくいじょう》、血圧低下《けつあつていか》、呼吸《こきゅう》困難《こんなん》などを引《ひ》きおこし、**昏睡《こんすい》、けいれん、最後《さいご》は死《し》に至《いた》ります。**スズランを挿《さ》した花瓶《かびん》の水《みず》を飲《の》んで死亡《しぼう》した例《れい》もあるのです。

スズラン（鈴蘭）

分布《ぶんぷ》……日本《にほん》（北海道《ほっかいどう》、本州《ほんしゅう》、九州《きゅうしゅう》）、北半球《きたはんきゅう》の温帯《おんたい》
生育場所《せいいくばしょ》……山地《さんち》、明《あか》るい林《はやし》や草地《くさち》
高《たか》さ……15～25ｃｍ
別名《べつめい》……キミカゲソウ、タニマノヒメユリ

ヒガンバナ

死人花《しびとばな》、地獄花《じごくばな》、幽霊花《ゆうれいばな》。
別名《べつめい》がどれも恐《おそ》ろしい……

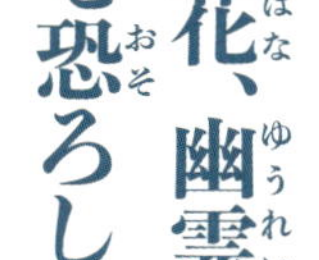

秋《あき》のお彼岸《ひがん》の頃《ころ》に、真《ま》っ赤《か》な花《はな》を咲《さ》かせるヒガンバナ。「毒《どく》がある」と注《ちゅう》意《い》された人《ひと》もいるでしょう。

確《たし》かにヒガンバナには毒《どく》があり、食《た》べると**吐《は》いたり、下痢《げり》をしたり、皮膚《ひふ》に汁《しる》がつくとかぶれたり**します。山菜《さんさい》のアマナやノビルと球根《きゅうこん》が似《に》ているので、間違《まちが》えて食《た》べて中毒症状《ちゅうどくしょうじょう》が起《お》こることもよくあります。

しかしヒガンバナは、毒《どく》があることで、墓地《ぼち》では**土葬《どそう》の遺体《いたい》を動物《どうぶつ》から守《まも》るために**、田《た》んぼでは**畦《あぜ》をモグラに崩《くず》されないために**、昔《むかし》から利用《りよう》されてきました。また、日本《にほん》になかった植物《しょくぶつ》ですが、戦争《せんそう》や飢饉《ききん》で食糧難《しょくりょうなん》だった時《とき》に毒抜《どくぬ》きをして、間《ま》に合《あ》わせの「救荒植物《きゅうこうしょくぶつ》」として**危険《きけん》を承知《しょうち》で使《つか》われていたため、全国《ぜんこく》に広《ひろ》まった**のです。

ヒガンバナ（彼岸花）

原産地《げんさんち》……中国《ちゅうごく》。日本各地《にほんかくち》に広《ひろ》がる
生育場所《せいいくばしょ》……田《た》の畦《あぜ》、土手《どて》、墓地《ぼち》
高《たか》さ……30～50cm
別名《べつめい》……曼珠沙華《まんじゅしゃげ》、死人花《しびとばな》、地獄花《じごくばな》、幽霊花《ゆうれいばな》

シロバナ ムシヨケギク

吸《す》うならいいけれど、かじるやつは許《ゆる》さない！

シロバナムシヨケギクは、タネになる「子房《しぼう》」部分《ぶぶん》に毒成分《どくせいぶん》がふくまれています。人間《にんげん》や鳥《とり》にはあまり効《き》きませんが、昆虫《こんちゅう》には**全身麻痺《ぜんしんまひ》や運動不能《うんどうふのう》を引《ひ》きおこす殺虫効果《さっちゅうこうか》**があります。

花《はな》の目的《もくてき》は子孫《しそん》を残《のこ》すこと。そのためには、虫《むし》に花粉《かふん》を運《はこ》んでもらわなければなりません。しかし、タネになる子房《しぼう》までは食《た》べられたくない。そこで、子房《しぼう》もろとも花《はな》を食《た》べてしまうヨトウガの幼虫《ようちゅう》などに食《た》べられないために、**子房《しぼう》に毒《どく》をもった**のです。蜜《みつ》を吸《す》うだけのチョウやハチは大丈夫《だいじょうぶ》。

とはいえ、高温《こうおん》にして、子房《しぼう》から毒《どく》成分《せいぶん》を気化《きか》させれば、殺虫効果《さっちゅうこうか》が出《で》てきます。そこに目《め》をつけたのが、カに悩《なや》んでいた人間《にんげん》。蚊取《かと》り線香《せんこう》はこの花《はな》の成分《せいぶん》から生《う》まれました。

シロバナムシヨケギク（白花虫除菊）

原産地《げんさんち》……バルカン半島《はんとう》ダルマティア地方《ちほう》
生育場所《せいいくばしょ》……日《ひ》あたりの良《よ》い場所《ばしょ》
高《たか》さ……30〜60ｃｍ
別名《べつめい》……除虫菊《じょちゅうぎく》

ジャガイモ

とても身近《みぢか》なイモですが、
気《き》をつけないと命《いのち》取《と》り

ジャガイモの芽《め》や緑色《みどりいろ》に変色《へんしょく》した皮《かわ》、未熟《みじゅく》なイモには毒《どく》があるので、食《た》べてはいけません。この毒《どく》は**加熱《かねつ》しても分《ぶん》解《かい》されず、腹痛《ふくつう》や嘔吐《おうと》などを引《ひ》きおこします。**

ジャガイモは、肥大《ひだい》した地下《ちか》の茎《くき》に光合成《こうごうせい》で作《つく》り出《だ》した養分《ようぶん》を蓄《たくわ》えておき、芽《め》を出《だ》すときに使《つか》います。この「肥大《ひだい》した地下《ちか》の茎《くき》」を、私《わたし》たちはジャガイモとして食《た》べています。

やっと地上《ちじょう》に出《だ》したジャガイモの芽《め》を食《た》べられてしまうと、成長《せいちょう》できなくなります。そこで、ジャガイモは**芽《め》の毒《どく》を強《つよ》くして、身《み》を守《まも》っています。**

ちょっとばかり芽《め》が出《で》ていても、皮《かわ》が緑《みどり》になっていても大丈夫《だいじょうぶ》かな、と思《おも》うのは命取《いのちと》り。**大量《たいりょう》に芽《め》を食《た》べて死亡《しぼう》**した例《れい》もあるのです。

ジャガイモ（じゃが芋）

原産地《げんさんち》……アンデス山脈《さんみゃく》（南《みなみ》アメリカ）
高《たか》さ……50〜100ｃｍ
別名《べつめい》……馬鈴薯《ばれいしょ》、ジャガタライモ

ウメ

青《あお》いうちは毒《どく》があってキケン！

梅干《うめぼ》しに梅酒《うめしゅ》、梅《うめ》ジュース。日本人《にほんじん》は昔《むかし》から青《あお》いウメを利用《りよう》してきました。ウメは熟《じゅく》すと黄色《きいろ》くなって甘酸《あまず》っぱい香《かお》りを放《はな》ちますが、青《あお》いウメはまだ未熟《みじゅく》で、じつはそのときは毒《どく》をもっているのです。

青《あお》いウメ1個《こ》にふくまれる毒《どく》はわずかですが、大量《たいりょう》に食《た》べた場合《ばあい》、**頭痛《ずつう》や嘔吐《おうと》、下痢《げり》の症状《しょうじょう》が出《で》て、悪化《あっか》すると失神《しっしん》や痙攣《けいれん》、呼吸困難《こきゅうこんなん》におちいります。**

未熟《みじゅく》なウメほど毒性《どくせい》は強《つよ》く、熟《じゅく》すと毒《どく》はなくなります。これは、**実《み》の中《なか》のタネが十分《じゅうぶん》に成熟《せいじゅく》するまで食《た》べられないようにする**というウメの戦略《せんりゃく》です。

数日間天日干《すうじつかんてんぴぼ》しをしたり、焼酎《しょうちゅう》に長期間《ちょうきかん》つけたり、高温《こうおん》で加熱《かねつ》したりすれば毒《どく》は抜《ぬ》けます。生《なま》のままの実《み》やタネはくれぐれも食《た》べないように！

ウメ（梅）

原産地《げんさんち》……中国《ちゅうごく》（四川省《しせんしょう》～湖北省《こほくしょう》）。日本各地《にほんかくち》で栽培《さいばい》
生育場所《せいいくばしょ》……日《ひ》あたりの良《よ》い場所《ばしょ》
高《たか》さ……約《やく》6m

ハシリドコロ

食《た》べてしまうと、
走《はし》り回《まわ》るほど苦《くる》しみもがく

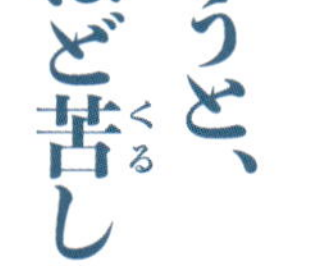

ハシリドコロは、**根《ね》をふくむ全《すべ》てが猛毒《もうどく》**です。都市部《としぶ》では身近《みぢか》ではありませんが、少《すこ》し郊外《こうがい》に行《い》くと裏山《うらやま》や人家《じんか》近《ちか》くにしばしば生《は》えているので、気《き》をつけたい植物《しょくぶつ》の代表《だいひょう》です。

やっかいなことに、春《はる》に芽《め》を出《だ》したばかりの姿《すがた》が山菜《さんさい》の**フキノトウやギボウシの新芽《しんめ》にそっくり**。中毒事故《ちゅうどくじこ》が毎《まい》年《とし》起《お》こっています。食《た》べると**嘔吐《おうと》や下《げ》痢《り》、幻覚《げんかく》、痙攣《けいれん》**などを引《ひ》きおこしたり、**瞳孔《どうこう》が開《ひら》いたりして、錯乱状態《さくらんじょうたい》に**なります。やがて、**昏睡《こんすい》、呼吸《こきゅう》が停止《ていし》し、死亡《しぼう》することも**。走《はし》り回《まわ》るほど苦《くる》しむことから、ハシリドコロという名前《なまえ》がついたほどです。

しかし、肥大《ひだい》した地下《ちか》の茎《くき》や根《ね》には、痛《いた》み止《ど》めなどの作用《さよう》もあり、古来《こらい》より薬《くすり》として利用《りよう》されています。

ハシリドコロ（走野老）

分布《ぶんぷ》……日本《にほん》（本州《ほんしゅう》～九州《きゅうしゅう》）
生育場所《せいいくばしょ》……山地《さんち》の湿《しめ》り気《け》のある林内《りんない》
高《たか》さ……30～60ｃｍ

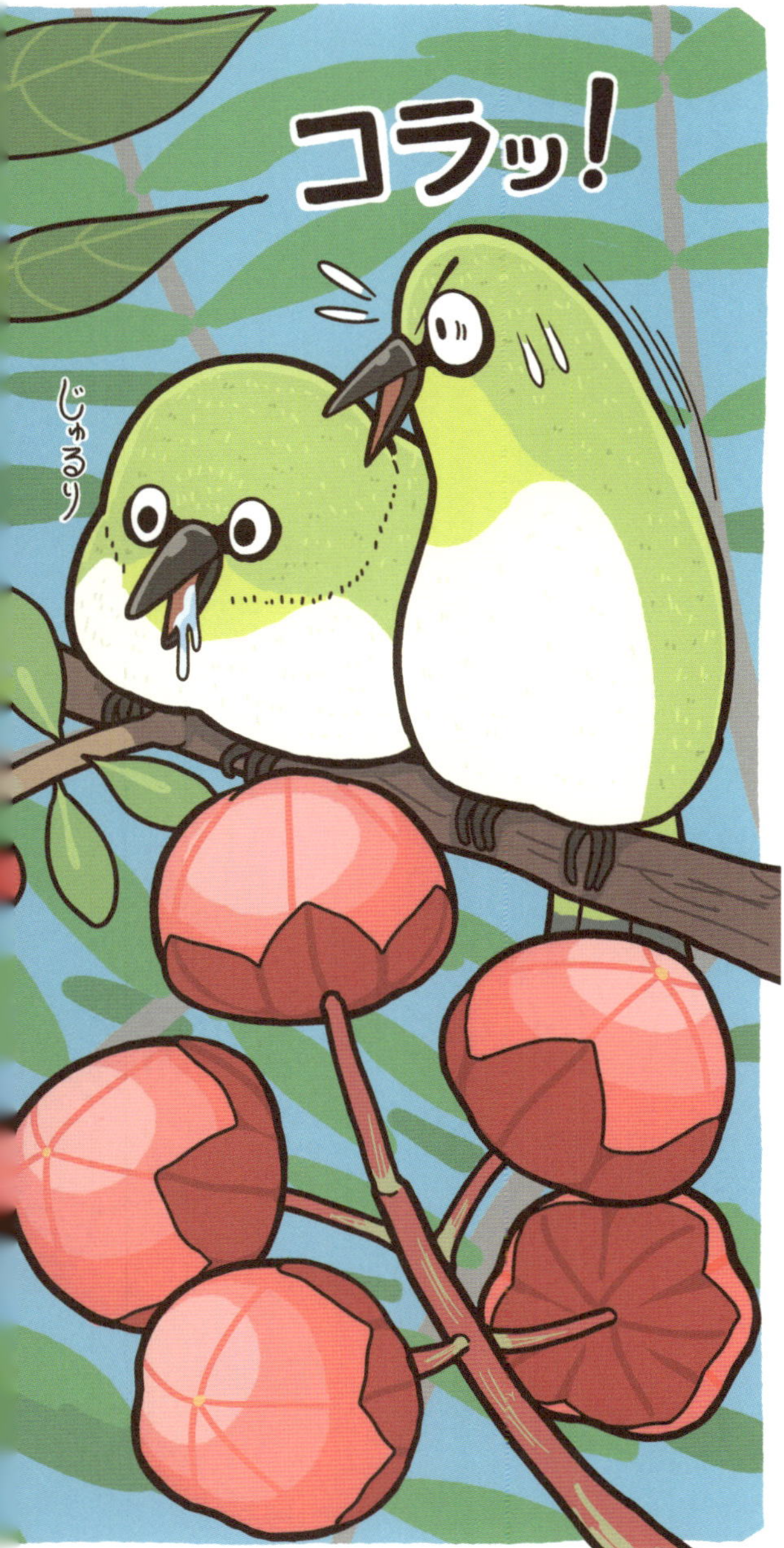

ドクウツギ

おいしそうな果実《かじつ》に見《み》えても、
絶対《ぜったい》に食《た》べてはいけません！

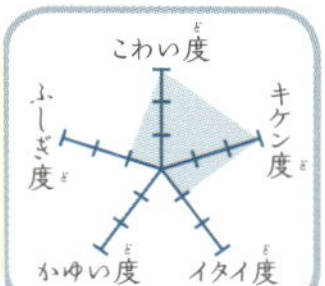

ドクウツギは、**日本三大有毒植物《にほんさんだいゆうどくしょくぶつ》の一《ひと》つ**に数《かぞ》えられるほどの猛毒《もうどく》の持《も》ち主《ぬし》。葉《は》や枝《えだ》、そして果実《かじつ》にも、いたるところに毒《どく》をもっていて、食《た》べるとはげしい痙攣《けいれん》をくりかえし、全身《ぜんしん》が麻痺《まひ》して**もがき苦《くる》しんだ末《すえ》に呼吸《こきゅう》が停止《ていし》して死《し》に至《いた》ります。**

しかし、毒入《どくい》りで食《た》べられるのを拒《きょ》否《ひ》しているわりには、赤《あか》い果実《かじつ》の見《み》た目《め》がじつにおいしそうなので、かつては**子供《こども》の中毒《ちゅうどく》が非常《ひじょう》に多《おお》かった**といいます。そこで徹底的《てっていてき》に駆除《くじょ》が行《おこな》われ、いまでは都市部《としぶ》で見《み》ることはまずありませんし、郊外《こうがい》の山林《さんりん》などでも見《み》る機《き》会《かい》は、そう多《おお》くありません。

かつての日本《にほん》では、この毒性《どくせい》を利用《りよう》して、ネズミ取《と》りやウジ殺《ころ》しに使《つか》われたことがありました。

ドクウツギ（毒空木）

分布《ぶんぷ》……日本《にほん》（北海道《ほっかいどう》～本州《ほんしゅう》の近畿《きんき》以北《いほく》）
生育場所《せいいくばしょ》……山地《さんち》や河原《かわら》、海岸《かいがん》の日《ひ》あたりの良《よ》い場所《ばしょ》
高《たか》さ……約《やく》1.5m
別名《べつめい》……ネズミゴロシ、イチロベエゴロシ

トリカブト

古来《こらい》より、暗殺《あんさつ》に使《つか》われた
最強猛毒植物《さいきょうもうどくしょくぶつ》

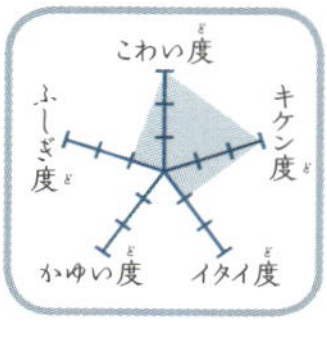

トリカブトは日本三大有毒植物《にほんさんだいゆうどくしょくぶつ》の一《ひと》つ。毒性《どくせい》は最強《さいきょう》で、**中毒《ちゅうどく》・死亡者数《しぼうしゃすう》共《とも》にトップクラス**です。美《うつく》しい青紫色《あおむらさきいろ》の花《はな》は切《き》り花《ばな》にされますが、花《はな》ももちろん毒《どく》。**とくに肥大《ひだい》した根《ね》は猛毒《もうどく》**です。

古《ふる》くは、**暗殺《あんさつ》**によく使《つか》われました。日本《にほん》では、江戸時代《えどじだい》の事件《じけん》をもとに創《そう》作《さく》された有名《ゆうめい》な怪談《かいだん》の幽霊《ゆうれい》、「お岩《いわ》さん」の毒殺《どくさつ》に使《つか》われたり、西洋《せいよう》では古《こ》代《だい》ローマ時代《じだい》に暗殺《あんさつ》に使《つか》われたりと、引《ひ》っ張《ぱ》りだこの代物《しろもの》です。

トリカブトの根《ね》は漢方《かんぽう》では「**附子**《ぶし》」といい神経痛《しんけいつう》などの薬《くすり》に使《つか》いますが、使用法《しようほう》を誤《あやま》ると口《くち》やのどがしびれ、**呼《こ》吸困難《きゅうこんなん》や痙攣《けいれん》が起《お》きて死《し》に至《いた》り**ます。毒成分《どくせいぶん》が神経《しんけい》に作用《さよう》し表情《ひょうじょう》がなくなることから、**無表情《むひょうじょう》で愛嬌《あいきょう》のない人《ひと》を「ブス」**と呼《よ》んだとも言《い》われています。

トリカブト（鳥兜）

分布《ぶんぷ》……日本《にほん》（本州中部以北《ほんしゅうちゅうぶいほく》）、北半球《きたはんきゅう》の温帯以北《おんたいいほく》
生育場所《せいいくばしょ》……山地《さんち》、高地《こうち》の草原《そうげん》
高《たか》さ……約《やく》1ｍ

ドクニンジン

猛毒《もうどく》とともに世界《せかい》に広《ひろ》がる

ヨーロッパ原産《げんさん》のドクニンジンは、世界的《せかいてき》に名《な》を知《し》られる毒草《どくそう》です。**茎《くき》には毒々《どくどく》しい赤紫色《あかむらさきいろ》の斑点《はんてん》**があり、夏《なつ》には意外《いがい》にもかわいらしい白《しろ》い小花《こばな》を咲《さ》かせます。しかし、草全体《くさぜんたい》に**運動神《うんどうしん》経《けい》を麻痺《まひ》させる恐《おそ》ろしい毒《どく》**がふくまれています。食《た》べるとよだれを流《なが》し、嘔《おう》吐《と》、昏睡《こんすい》や**呼吸困難《こきゅうこんなん》を起《お》こして窒息死《ちっそくし》**してしまうというものです。

ヨーロッパでは、古来《こらい》より毒殺《どくさつ》や罪《ざい》人《にん》の死刑執行《しけいしっこう》に使《つか》われ、古代《こだい》ギリシャの哲学者《てつがくしゃ》ソクラテスが罪人《ざいにん》となった時《とき》、**牢獄《ろうごく》でドクニンジンの毒《どく》が入《はい》った杯《さかずき》を飲《の》み干《ほ》した話《はなし》**は有名《ゆうめい》です。

じつは日本《にほん》でも全国的《ぜんこくてき》に分布《ぶんぷ》を拡大《かくだい》しつつあります。似《に》ている山菜《さんさい》のシャクとの見分《みわ》け方《かた》は、ちぎったときの嫌《いや》な匂《にお》いと、茎《くき》の斑点模様《はんてんもよう》です。

ドクニンジン（毒人参）

原産地《げんさんち》……ヨーロッパ。中国《ちゅうごく》、北《きた》アフリカ、北《きた》アメリカ、日本各地《にほんかくち》にも広《ひろ》がる

生育場所《せいいくばしょ》……水辺《みずべ》やどぶなど水《みず》はけの悪《わる》い場所《ばしょ》

高《たか》さ……1～2m

トウゴマ

世界《せかい》の植物《しょくぶつ》のなかでも
最上級《さいじょうきゅう》の危険《きけん》な毒《どく》

アフリカ原産《げんさん》のトウゴマは、そのタネから油《あぶら》（ひまし油《ゆ》）をとるため、今《いま》では世界的《せかいてき》に広《ひろ》く栽培《さいばい》され、下剤《げざい》や塗《と》料《りょう》などの原料《げんりょう》に利用《りよう》されています。日《に》本《ほん》には江戸時代末期《えどじだいまっき》に輸入《ゆにゅう》され、今《いま》では野生化《やせいか》しています。

幅広《はばひろ》く利用《りよう》されている有用《ゆうよう》な植物《しょくぶつ》ですが、もう一《ひと》つ、猛毒植物《もうどくしょくぶつ》という一面《いちめん》があることを忘《わす》れてはなりません。**毒《どく》の強《つよ》さはあらゆる植物《しょくぶつ》のなかでも5本《ほん》の指《ゆび》に入《はい》る**とも言《い》われる恐《おそ》ろしさ。タネを口《くち》に入《い》れようものなら、**すさまじい嘔吐《おうと》や下痢《げり》**の症状《しょうじょう》が現《あらわ》れ、続《つづ》いて脱《だっ》水症状《すいしょうじょう》、血圧《けつあつ》の低下《ていか》、幻覚《げんかく》や痙攣《けいれん》などが現《あらわ》れ、最悪《さいあく》の場合《ばあい》、**死亡《しぼう》することも**あります。

トウゴマが自分《じぶん》の身《み》を守《まも》るため、子《し》孫《そん》を残《のこ》すために獲得《かくとく》した手段《しゅだん》です。

トウゴマ（唐胡麻）

原産地《げんさんち》……アフリカの熱帯《ねったい》
おもな栽培地《さいばいち》……インド、中国《ちゅうごく》、ブラジル
高《たか》さ……１～３m
別名《べつめい》……ヒマ

ヒヨス

魔女《まじょ》が使《つか》うと恐《おそ》れられた、見《み》た目《め》も不気味《ぶきみ》な毒草《どくそう》

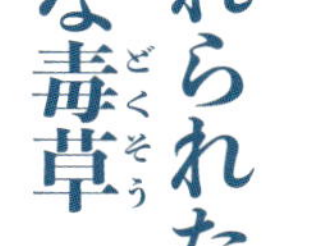

ヒヨスには、幻覚症状《げんかくしょうじょう》を引《ひ》きおこす強《つよ》い毒成分《どくせいぶん》がふくまれています。この作用《さよう》が利用《りよう》され、痛《いた》み止《ど》めや発作《ほっさ》を抑《おさ》える薬《くすり》の原料《げんりょう》となっています。

しかし、あまりにも毒性《どくせい》が強《つよ》いので、使用法《しようほう》を間違《まちが》えると、**錯乱《さくらん》や幻覚《げんかく》、言《げん》語障害《ごしょうがい》、視力《しりょく》の減退《げんたい》、呼吸抑制《こきゅうよくせい》などの症状《しょうじょう》が出《で》て死亡《しぼう》する**場合《ばあい》があります。

実際《じっさい》、ヒヨスの茎《くき》や葉《は》に**びっしり生《は》えた毛《け》はベタベタする**し、**嫌《いや》な匂《にお》い**もあるし、夏《なつ》に咲《さ》く花《はな》は紫色《むらさきいろ》の筋模様《すじもよう》があって、何《なん》とも不気味《ぶきみ》な感《かん》じのする草《くさ》です。

このため、ヒヨスはかつて**魔女《まじょ》が使《つか》う悪魔《あくま》の毒草《どくそう》**などとまことしやかに言《い》われ、恐《おそ》れられていました。今《いま》では宇《う》宙飛行士《ちゅうひこうし》の酔《よ》い止《ど》めに使用《しよう》されるなど、うまい関係《かんけい》を築《きず》いています。

ヒヨス（菲沃斯）

原産地《げんさんち》……ヨーロッパ、シベリア、中国《ちゅうごく》、ヒマラヤ
高《たか》さ……約《やく》1m

ベラドンナ

かつて女性《じょせい》を夢中《むちゅう》にさせた魅惑《みわく》の毒《どく》

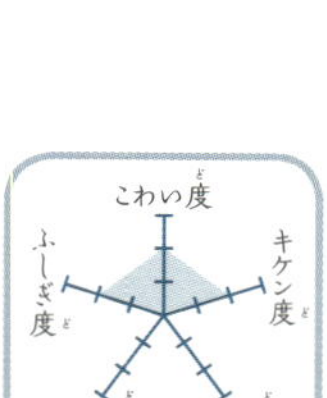

ベラドンナは草全体《くさぜんたい》に強《つよ》い毒《どく》があり、**触《さわ》るとかぶれ、食《た》べると吐《は》いたり、異常《いじょう》に興奮《こうふん》して走《はし》り回《まわ》ったりして、最悪《さいあく》の場合《ばあい》、死《し》に至《いた》ります。**

しかし、痛《いた》み止《ど》めや興奮《こうふん》を抑《おさ》える薬《くすり》、瞳孔《どうこう》を開《ひら》く薬《くすり》などの原料《げんりょう》にもうまく利《り》用《よう》され、世界各地《せかいかくち》で栽培《さいばい》されています。毒物《どくぶつ》が使《つか》われた事件《じけん》では、その中毒《ちゅうどく》の治療薬《ちりょうやく》としても使《つか》われました。

ベラドンナはイタリア語《ご》で「美《うつく》しい女性《じょせい》」という意味《いみ》です。かつても、**目《め》にベラドンナのしぼり汁《じる》を落《お》とすと、パッチリ瞳孔《どうこう》が開《ひら》く**ことが知《し》られていて、クレオパトラも愛用《あいよう》したと言《い》われています。危険《きけん》を知《し》りながらもやめられないあたり、女性《じょせい》の美《うつく》しくなりたいという気持《きも》ちがどれほど強《つよ》いかがわかる逸話《いつわ》です。

ベラドンナ

分布《ぶんぷ》……ヨーロッパ南西部《なんせいぶ》～西《にし》アジア
生育場所《せいいくばしょ》……乾燥地帯《かんそうちたい》
高《たか》さ……1～1.5m
花言葉《はなことば》……汝《なんじ》を呪《のろ》う、男《おとこ》への死《し》の贈《おく》り物《もの》

マンドレイク

人《ひと》の形《かたち》をした悪魔《あくま》とでも
言《い》うべき奇《き》怪《かい》植物《しょくぶつ》

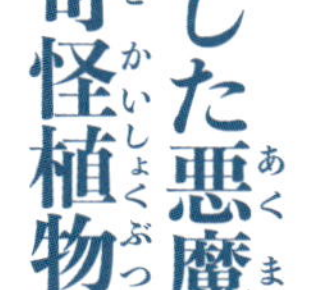

地面《じめん》から引《ひ》きぬくと、身《み》の毛《け》もよだつような悲鳴《ひめい》を上《あ》げ、その声《こえ》をまともに聞《き》いた人《ひと》は正気《しょうき》を失《うしな》って死《し》ぬ……マンドレイクにはこんな恐《おそ》ろしげな伝説《でんせつ》があります。

薄紫色《うすむらさきいろ》のかわいらしい花《はな》を咲《さ》かせるマンドレイクは、じつは見《み》えない部《ぶ》分《ぶん》にこわさがあります。地下《ちか》の肥大《ひだい》した根《ね》が見《み》ようによっては**人《ひと》の形《かたち》のような奇怪《きかい》な姿《すがた》**をしていて、ここに**麻薬《まやく》作《さ》用《よう》をもつ毒《どく》**がふくまれているのです。

かつての地中海沿岸《ちちゅうかいえんがん》では、その麻薬《まやく》作用《さよう》を利用《りよう》して、負傷《ふしょう》した戦士《せんし》の治療《ちりょう》時《じ》の鎮静剤《ちんせいざい》に使《つか》われていました。しかし、**幻覚《げんかく》や幻聴《げんちょう》、嘔吐《おうと》や瞳孔拡大《どうこうかくだい》などの強力《きょうりょく》な副作用《ふくさよう》**があり、ときに死《し》んでしまうこともあったため、今《いま》では使《つか》われなくなりました。

マンドレイク

分布《ぶんぷ》……地中海地方《ちちゅうかいちほう》〜中国西部《ちゅうごくせいぶ》
生育場所《せいいくばしょ》……荒《あ》れ地《ち》
高《たか》さ……10〜15cm
名前《なまえ》の由来《ゆらい》……マンドラゴラ、コイナスビ

バイカルハナウド

汁《しる》に触《さわ》ったら、日《ひ》にあたってはならない！

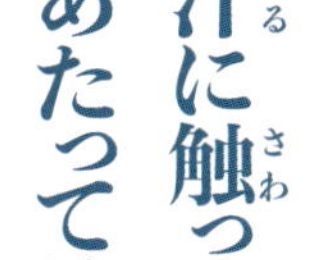

もともと中央《ちゅうおう》アジアが原産《げんさん》のバイカルハナウドは、20世紀《せいき》初頭《しょとう》に観葉植物《かんようしょくぶつ》としてヨーロッパや北《きた》アメリカに持《も》ちこまれました。しかし、バイカルハナウドは**驚異的《きょういてき》な毒《どく》**をもっていたのです。

バイカルハナウドの茎《くき》を切《き》ると白《しろ》くて水《みず》っぽい汁《しる》が出《で》てきます。これが人《じん》体《たい》に深刻《しんこく》な影響《えいきょう》を及《およ》ぼします。もしも汁《しる》が肌《はだ》についたまま**太陽光《たいようこう》や紫外線《しがいせん》にあたろうものなら、ひどい火傷《やけど》を負《お》ったような水《みず》ぶくれ**ができ、そして黒《くろ》ずんだ傷跡《きずあと》がその後《ご》何年《なんねん》も残《のこ》ります。汁《しる》が目《め》に入《はい》ると、**失明《しつめい》する危険《きけん》**すらあるのです。

バイカルハナウドと向《む》き合《あ》うときは隙間《すきま》なく危険物用防護服《きけんぶつようぼうごふく》に身《み》を包《つつ》み、さらに目元《めもと》をゴーグルで隠《かく》すという完《かん》全防備《ぜんぼうび》で臨《のぞ》む必要《ひつよう》があります。

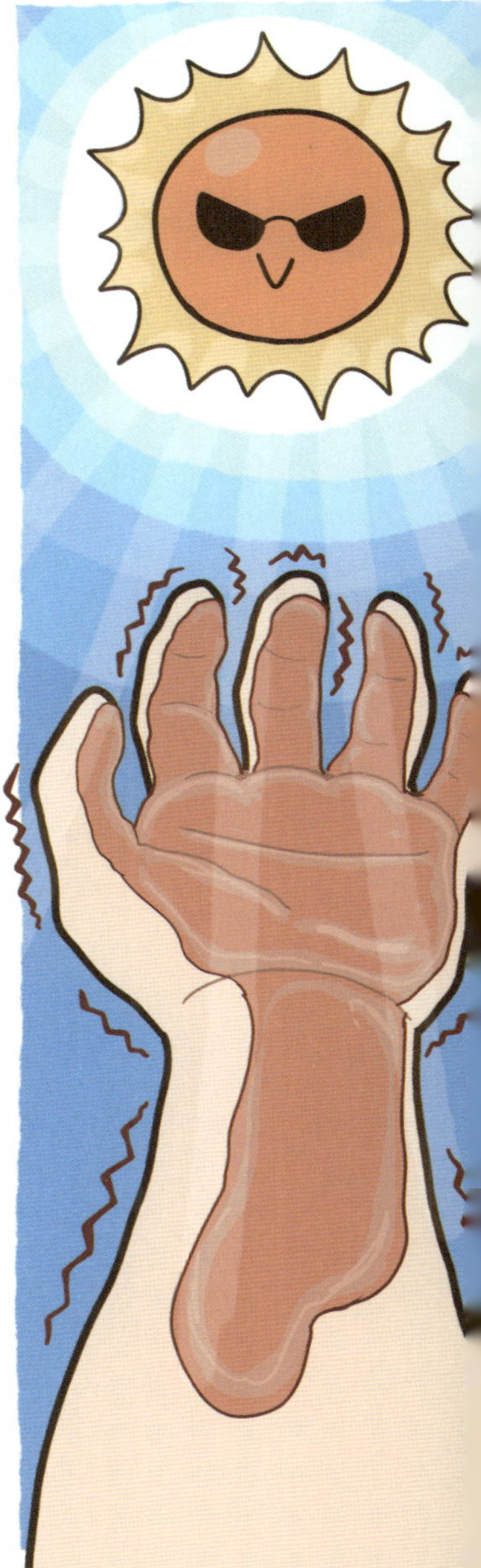

バイカルハナウド（貝加爾花独活）

分布《ぶんぷ》……コーカサス地方《ちほう》～中央《ちゅうおう》アジア
生育場所《せいいくばしょ》……川辺《かわべ》、沼地《ぬまち》、湿《しめ》った荒《あ》れ地《ち》
高《たか》さ……2～4m
別名《べつめい》……ジャイアント・ホグウィード

Q なぜ、植物《しょくぶつ》には毒《どく》があるの？

A

緑《みどり》色《いろ》に変色《へんしょく》したジャガイモの芽《め》や若《わか》い青梅《あおうめ》には毒《どく》があります。毒《どく》をもつ植物《しょくぶつ》は多《おお》いですが、これは、ほかの生《い》き物《もの》に食《た》べられないための工夫《くふう》なのです。私《わたし》たち人間《にんげん》が料理《りょうり》に利用《りよう》するハーブ類《るい》は、良《よ》い香《かお》りがする植物《しょくぶつ》です。しかし、じつはこの香《かお》り、ハーブの敵《てき》になる昆虫《こんちゅう》から身《み》を守《まも》るためで、昆虫《こんちゅう》にとっては毒《どく》。山菜《さんさい》など、植物《しょくぶつ》にある「あく（苦味《にがみ》）」も外敵《がいてき》から身《み》を守《まも》るための毒《どく》です。多《おお》くの植物《しょくぶつ》が何《なん》らかの身《み》を守《まも》る毒《どく》を体《からだ》の中《なか》にもっているのです。

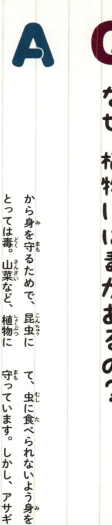

人間《にんげん》は、植物《しょくぶつ》の毒《どく》を薬《くすり》にも利《り》用《よう》しますが、植物《しょくぶつ》の毒《どく》を利用《りよう》するのは人間《にんげん》だけではありません。ガガイモ科《か》のキジョランやイケマという植物《しょくぶつ》は毒《どく》をもっていて、虫《むし》に食《た》べられないよう身《み》を守《まも》っています。しかし、アサギマダラというチョウの幼虫《ようちゅう》はこの葉《は》を食《た》べて、自分《じぶん》の体《からだ》に毒《どく》をためこんでいます。植物《しょくぶつ》の毒《どく》を利用《りよう》して、鳥《とり》などに食《た》べられないようにしているのです。

身《み》を守《まも》るために苦労《くろう》して作《つく》った毒《どく》も、なかにはこうして利用《りよう》される場合《ばあい》もあります。植物《しょくぶつ》と生《い》き物《もの》の知恵比《ちえくら》べですね。

ミント
タイム
ローズマリー

アサギマダラ
キジョラン

第《だい》3章《しょう》

武《ぶ》器《き》が

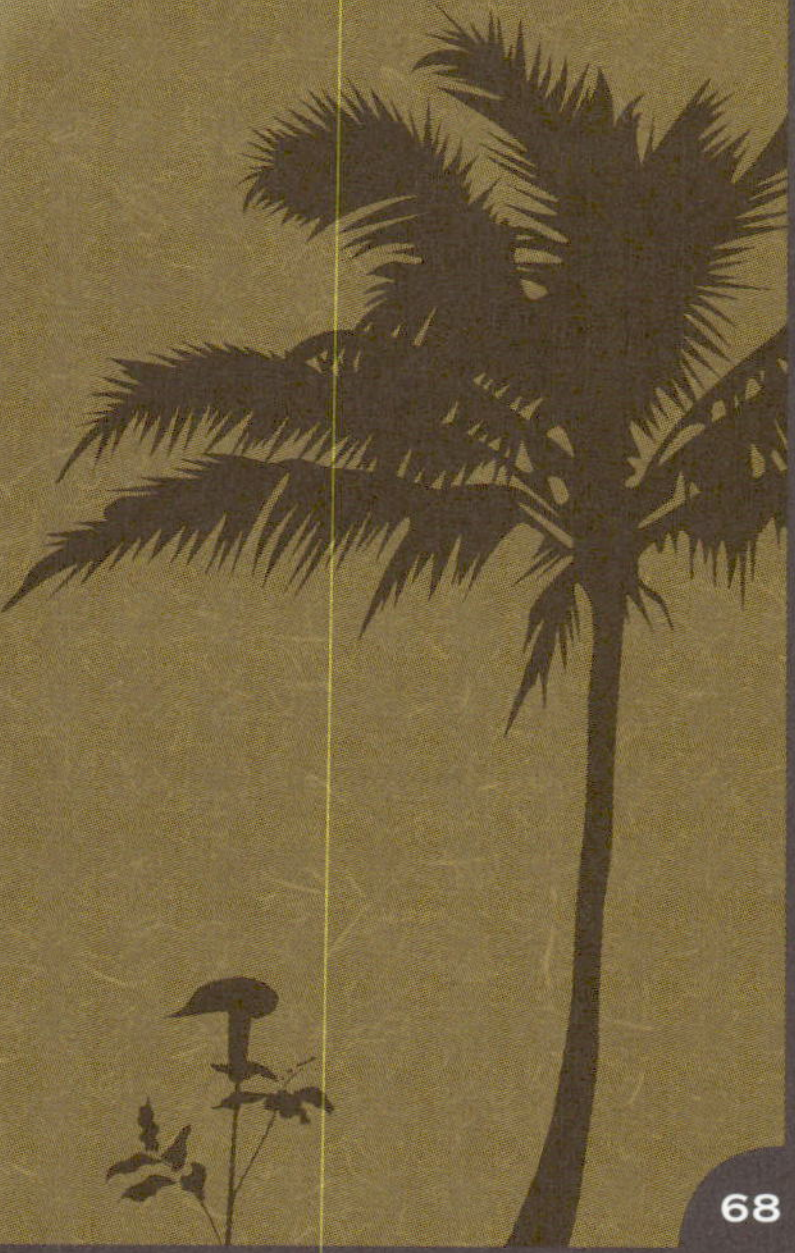

こわい

もちあわせている
ものを、最大限《さいだいげん》
生《い》かして戦《たたか》います。
無《な》い物《もの》ねだりは
いたしません。

イラクサ

「イラつく」の語源《ごげん》になった
細《こま》かいけれどとっても痛《いた》い針《はり》

イラクサは林《はやし》の縁《ふち》などでよく見《み》られます。畑《はたけ》のすみに群生《ぐんせい》することもある身近《みぢか》に生《は》えている植物《しょくぶつ》で、**毒《どく》のあるトゲで身《み》を守《まも》る毒草《どくそう》**です。

茎《くき》や葉《は》にとても細《こま》かいトゲが密生《みっせい》し、うっかり触《さわ》って刺《さ》されると、**ズキズキ、ヒリヒリ痛《いた》んで、ふれた部分《ぶぶん》が赤《あか》く腫《は》れ上《あ》がります。**

このトゲは細《ほそ》いガラス針《ばり》のようになっていて、中《なか》にじんましんを引《ひ》きおこす毒《どく》がしこまれています。**トゲが皮《ひ》ふに刺《さ》さると折《お》れて毒液《どくえき》が注入《ちゅうにゅう》**され、ズキズキ、ヒリヒリが始《はじ》まるのです。

この痛《いた》みから、神経《しんけい》が高《たか》ぶってジリジリすることを「イライラする」と言《い》います。また、「蕁麻《じんま》」とはイラクサの中国《ちゅうごく》での名称《めいしょう》で、「蕁麻疹《じんましん》」という病名《びょうめい》はその状態《じょうたい》に由来《ゆらい》します。

イラクサ（刺草）

分布《ぶんぷ》……日本《にほん》（本州《ほんしゅう》～九州《きゅうしゅう》）、朝鮮半島《ちょうせんはんとう》
生育場所《せいいくばしょ》……林縁《りんえん》や林内《りんない》の湿《しめ》った場所《ばしょ》
高《たか》さ……0.5～1ｍ

ギンピ・ギンピ

見《み》た目《め》は地味《じみ》だが、
身《み》にまとうトゲは世界最悪《せかいさいあく》

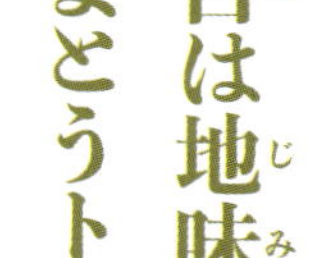

オーストラリアに生育《せいいく》するギンピ・ギンピは、**死《し》ぬほど苦《くる》しむ世界最悪《せかいさいあく》の毒《どく》のトゲをもつ植物《しょくぶつ》**と言《い》われています。見《み》てくれは地味《じみ》な雑草《ざっそう》という風情《ふぜい》ですが、茎《くき》や葉《は》だけでなくピンク色《いろ》の果実《じつ》まで、**草全体《くさぜんたい》がグラスファイバーのような大変細《たいへんこま》かいトゲにおおわれ**、これが大変《たいへん》な害《がい》をもたらします。万《まん》が一《いち》このトゲに触《さわ》ってしまうと、

酸《さん》をかけられたような、電流《でんりゅう》を流《なが》されたような、焼《や》けつくような激痛《げきつう》を感《かん》じます。しかも、その猛烈《もうれつ》な痛《いた》みは2～3日《にち》どころか、数ヶ月《すうかげつ》、最悪《さいあく》の場合《ばあい》**2年以上《ねんいじょう》にもわたり断続的《だんぞくてき》に続《つづ》き**ます。寝《ね》ても覚《さ》めても痛《いた》みは続《つづ》き、温《あたた》めても冷《ひ》やしても治《おさ》まらず、絶叫《ぜっきょう》しながら苦《くる》しむしかありません。その痛《いた》みにたえられなかった人《ひと》もいたそうです。

ギンピ・ギンピ

分布《ぶんぷ》……オーストラリア北東部《ほくとうぶ》
生育場所《せいいくばしょ》……熱帯雨林《ねったいうりん》
高《たか》さ……1～2m
別名《べつめい》……スティンガー

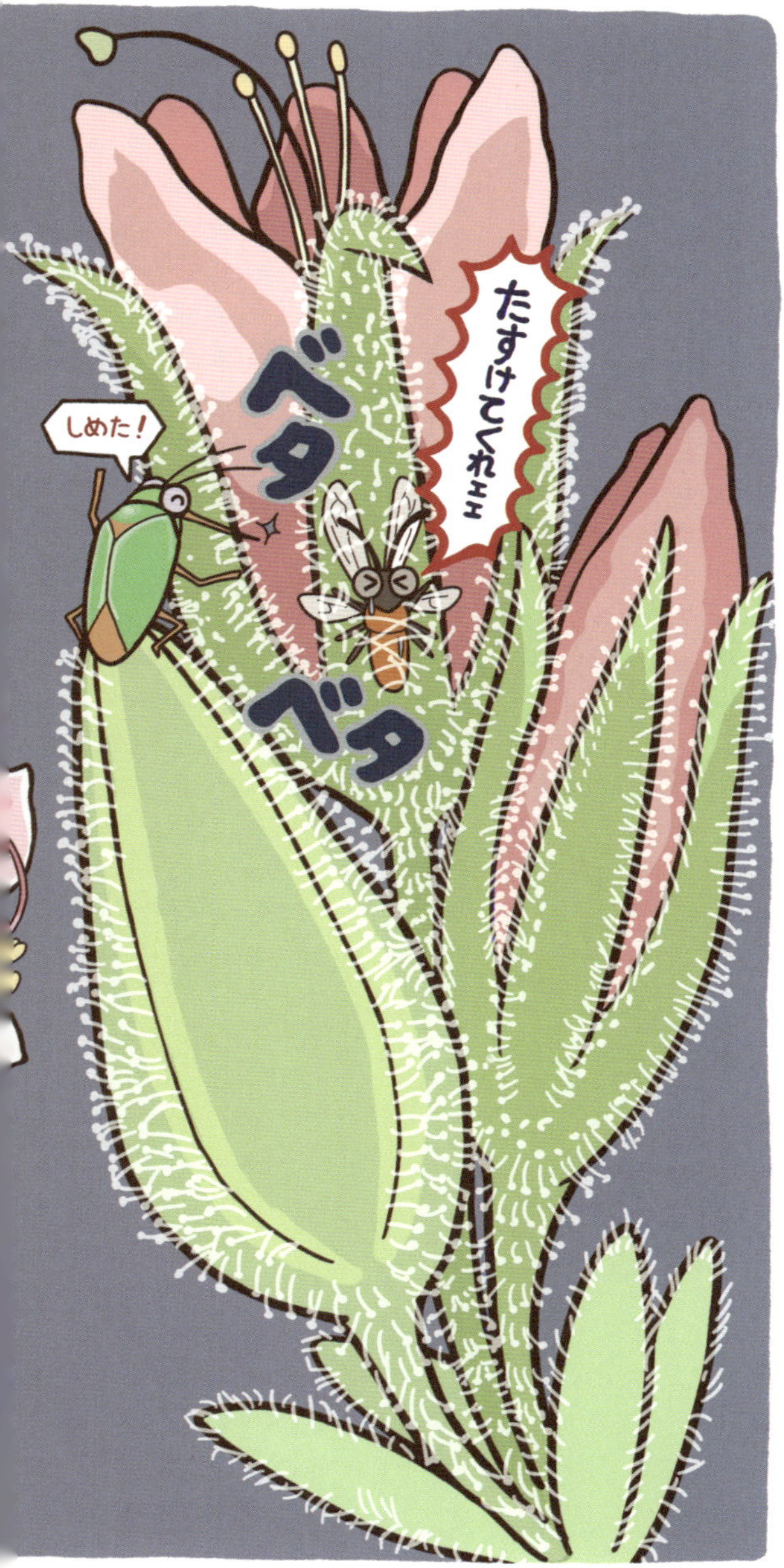

モチツツジ

大切《たいせつ》な花《はな》を守《まも》る
ベタベタトラップ

モチツツジの**がくや葉《は》には、ベタベタした粘液《ねんえき》を出《だ》す毛《け》がみっしり生《は》えて**います。花《はな》はアゲハの仲間《なかま》に花粉《かふん》を運《はこ》んでもらいやすいように、雄《お》しべが花《はな》からつき出《で》ていて、ちょうどチョウのはねに花粉《かふん》がつきます。甘《あま》い蜜《みつ》はチョウに花粉《かふん》を運《はこ》んでもらうために用意《ようい》した貴重《きちょう》な食料《しょくりょう》なのです。

蜜《みつ》をただでもっていかれないよう、**花粉《かふん》を運《はこ》んでくれない小《ち》さい虫《むし》をベタベタトラップで遠《とお》ざけて**いると考《かんが》えられます。毛《け》の粘液《ねんえき》はコソ泥《どろ》をやっつけるための武器《ぶき》なのです。

捕《と》らえられた虫《むし》たちは、そのまま**干《ひ》からびて死《し》んでいく運命《うんめい》**。このモチツツジの罠《わな》を利用《りよう》して、弱《よわ》っていく虫《むし》を食《た》べる肉食昆虫《にくしょくこんちゅう》がモチツツジに住《す》んでいる場合《ばあい》があります。

モチツツジ（黐躑躅）

分布《ぶんぷ》……日本《にほん》（本州《ほんしゅう》の静岡《しずおか》～岡山《おかやま》、四国《しこく》）
生育場所《せいいくばしょ》……平地《へいち》～低山《ていざん》の乾《かわ》き気味《ぎみ》のやせた土地《とち》
高《たか》さ……１～２m
和名《わめい》の由来《ゆらい》……毛《け》が鳥《とり》もちのように粘《ねば》ることから

ススキ

切《き》れ味《あじ》バツグン！
近《ちか》づくものをスパッと切《き》る

ススキなどのイネ科《か》植物《しょくぶつ》は、草食動《そうしょくどう》物《ぶつ》に食《た》べられないよう、**葉《は》っぱを武器《ぶき》**に変《か》えています。

植物《しょくぶつ》の細胞《さいぼう》には、動物《どうぶつ》の細胞《さいぼう》にはない「細胞壁《さいぼうへき》」という硬《かた》い構造《こうぞう》があります。これは光《ひかり》を受《う》けるためにつくられた構造《こうぞう》です。この細胞壁《さいぼうへき》などを消化《しょうか》するために、草食動物《そうしょくどうぶつ》であるウシやウサギは長《なが》い胃腸《いちょう》を必要《ひつよう》とします。**ススキの細胞壁《さいぼうへき》は強力《きょうりょく》**で、葉《は》は**草食動物《そうしょくどうぶつ》も消《しょう》化《か》しきれないほど硬《かた》く、先端《せんたん》はヤリのよう**にとがっています。

ススキの葉《は》を素手《すで》でちぎろうとして血《ち》がにじんだことのある人《ひと》は多《おお》いと思《おも》いますが、ススキの葉《は》の縁《ふち》は**ギザギザとしたガラス質《しつ》のノコギリ歯《ば》**のようになっています。そのため新聞紙《しんぶんし》もスパッといくほどの切《き》れ味《あじ》です。

ススキ（芒）

分布《ぶんぷ》……日本各地《にほんかくち》、東《ひがし》アジア
生育場所《せいいくばしょ》……平地《へいち》～山地《さんち》の日《ひ》あたりの良《よ》い場所《ばしょ》
高《たか》さ……1～2m
別名《べつめい》……尾花《おばな》、茅《かや》

サイカチ

ケモノを寄《よ》せつけない
トゲの鎧《よろい》

サイカチは、サルやクマを寄《よ》せつけない、**非常《ひじょう》に鋭《するど》いトゲ**を生《は》やしています。間違《まちが》って目《め》をつこうものなら、失《しつ》明《めい》してしまいそうです。

サイカチのトゲは枝《えだ》が変化《へんか》したものです。**トゲは幹《みき》からだけでなく、細《ほそ》い枝《えだ》にも生《は》え、しかもトゲ自体《じたい》が枝分《えだわ》かれし**、ケモノが近《ちか》づくのを完璧《かんぺき》に防《ふせ》いでいます。これではケモノもサイカチの葉《は》や皮《かわ》を食《た》べることはできません。

江戸時代《えどじだい》にはこの恐《おそ》ろしいトゲに注《ちゅう》目《もく》し、大名屋敷《だいみょうやしき》のまわりにサイカチを植《う》えて、**ドロボウの侵入《しんにゅう》を防《ふせ》ぐのに利《り》用《よう》**していました。闇《やみ》に紛《まぎ》れてうっかり忍《しの》びこんだが最後《さいご》、全身血《ぜんしんち》まみれになって一目散《いちもくさん》に逃《に》げ出《だ》したことでしょう。しかし、昆虫《こんちゅう》にとっては樹液《じゅえき》の出《で》るありがたい木《き》のようです。

サイカチ（皂莢）

分布《ぶんぷ》……日本《にほん》（本州中部《ほんしゅうちゅうぶ》〜九州《きゅうしゅう》）、中国《ちゅうごく》、朝鮮半島《ちょうせんはんとう》
生育場所《せいいくばしょ》……川沿《かわぞ》いなどの水辺《みずべ》
高《たか》さ……12〜20m

アレチウリ

ほかの植物《しょくぶつ》をおおいつくす、イガイガのウリ！

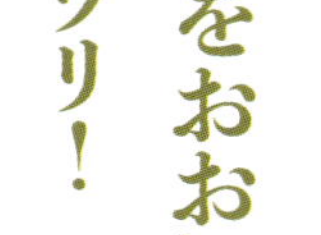

アレチウリは、アメリカやカナダから輸入《ゆにゅう》した大豆《だいず》にタネが混《ま》じって日本《にほん》に侵入《しんにゅう》してきたつる植物《しょくぶつ》です。

金平糖《こんぺいとう》のような形《かたち》をした果実《かじつ》には、**細《ほそ》くてしなやかなトゲが密生《みっせい》**しており、熟《じゅく》すとこれが武器《ぶき》に変《か》わります。硬《かた》くなったトゲに触《さわ》ると、**かゆみを伴《ともな》った痛《いた》みが走《はし》り、赤《あか》く腫《は》れ上《あ》がり**ます。

また、おどろくべき成長《せいちょう》スピードと繁殖力《はんしょくりょく》をもっていることも脅威《きょうい》です。ほかのどの植物《しょくぶつ》よりも早《はや》く成長《せいちょう》するために、茎《くき》を太《ふと》らせることを犠牲《ぎせい》にしてつるを伸《の》ばします。そして、**ほかの植《しょく》物《ぶつ》をおおって太陽光《たいようこう》を奪《うば》い、枯《か》らせてしまう**のです。さらに、1株《かぶ》で500個《こ》ものタネをばらまき、**残《のこ》った根《ね》だけでも再生《さいせい》できる**強者《つわもの》。現在《げんざい》猛烈《もうれつ》な勢《いきお》いで勢力《せいりょく》を拡大《かくだい》しています。

アレチウリ（荒地瓜）

原産地《げんさんち》……北《きた》アメリカ
生育場所《せいいくばしょ》……道《みち》ばた、荒《あ》れ地《ち》、川原《かわら》
果実《かじつ》の大《おお》きさ……約《やく》３ｃｍ

ライオンゴロシ

決《けっ》して引《ひ》きぬけない、悪魔《あくま》のかぎ爪《づめ》

ライオンゴロシは、アフリカの乾燥《かんそう》地帯《ちたい》に分布《ぶんぷ》するゴマ科《か》の植物《しょくぶつ》です。硬《かた》いかぎ爪《づめ》のついた果実《かじつ》をつけ、これが野生動物《やせいどうぶつ》を苦《くる》しめるくせものです。

あちこちに伸《の》びる果実《かじつ》の硬《かた》いかぎ爪《づめ》は、よく見《み》ると**先《さき》が曲《ま》がって返《かえ》しになって**います。これがライオンやゾウなど、野生動物《やせいどうぶつ》の毛《け》やひづめに引《ひ》っかかって、そのまま遠《とお》くまで運《はこ》ばれます。

しかし、ひっつかれた動物《どうぶつ》にとって

はこれが脅威《きょうい》につながります。果実《かじつ》のトゲは、**足《あし》に食《く》いこみ、毛《け》にからみつき、タネまきが終《お》わるまで離《はな》れません。**トゲがチクチク刺《さ》すので、かんで引《ひ》きぬこうとすると、今度《こんど》は口《くち》に刺《さ》さります。経験《けいけん》の少《すく》ない若《わか》い動物《どうぶつ》は、**食《た》べることができなくなって衰弱《すいじゃく》し**、死《し》ぬこともあるのです。

ライオンゴロシ

分布《ぶんぷ》……南《みなみ》アフリカ、東《ひがし》アフリカ
生育場所《せいいくばしょ》……砂漠《さばく》、草原《そうげん》
果実《かじつ》の直径《ちょっけい》……12cm
英名《えいめい》……デビルズクロー（悪魔《あくま》の爪《つめ》）

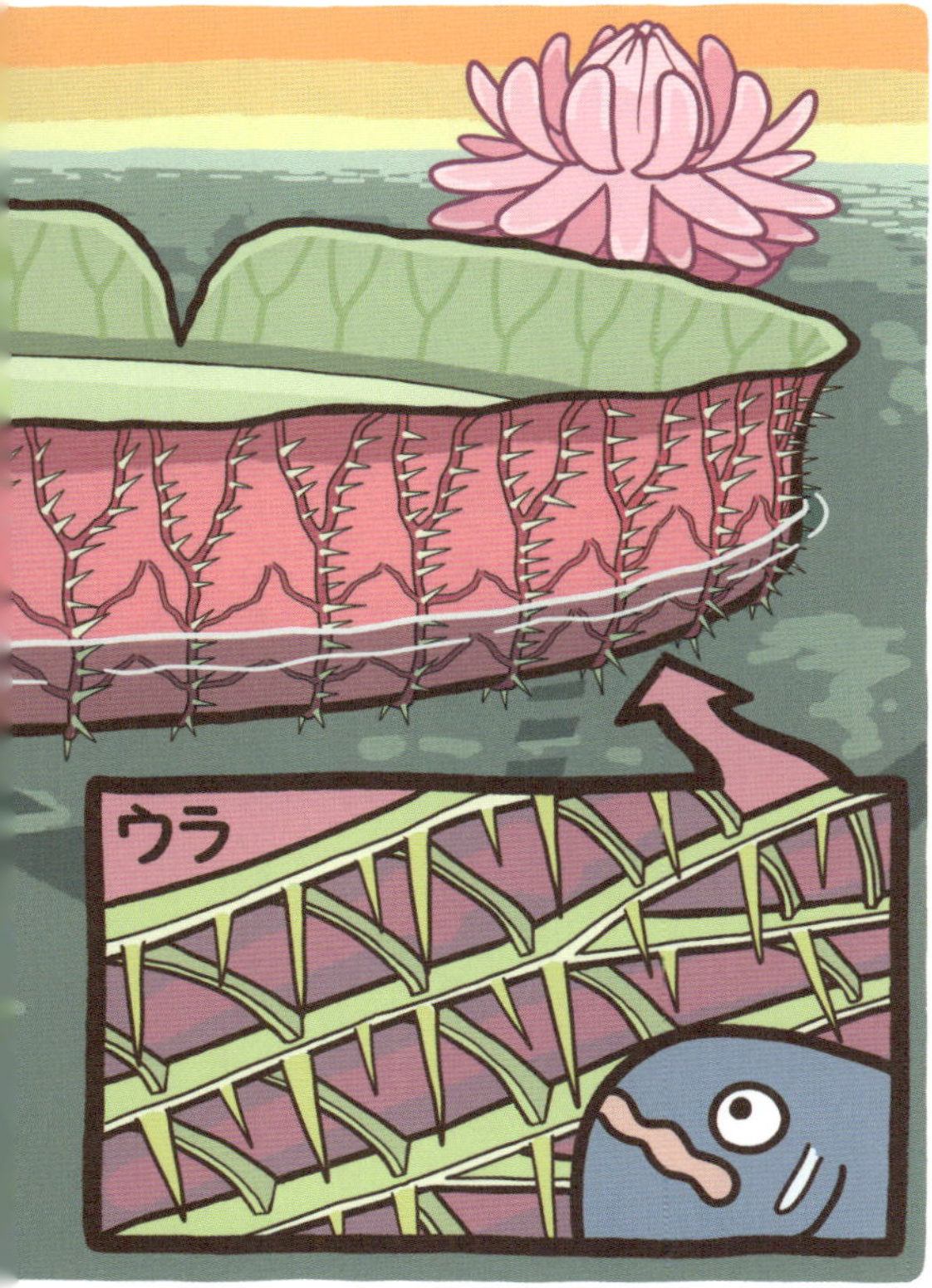

オオオニバス

タライのようでも、水中《すいちゅう》はトゲで完全武装《かんぜんぶそう》

オオオニバスはアマゾン川流域《がわりゅういき》に分布《ぶんぷ》する水生植物《すいせいしょくぶつ》です。**直径《ちょっけい》2メートルにもなる世界最大《せかいさいだい》の葉《は》**を水面《すいめん》に広《ひろ》げることで知《し》られています。巨大《きょだい》な葉《は》は太《ふと》い葉脈《ようみゃく》で補強《ほきょう》され、葉《は》の縁《ふち》は10センチほど立《た》ち上《あ》がってタライのような形《かたち》になり、**子供《こども》が乗《の》っても沈《しず》まない、じょうぶな構造《こうぞう》**をしています。

巨大《きょだい》な葉《は》はほかの生《い》き物《もの》の食料《しょくりょう》となりそうですが、その裏《うら》には強力《きょうりょく》な武器《ぶき》

が。葉《は》の裏側《うらがわ》や水中《すいちゅう》に沈《しず》んでいる茎《くき》の部分《ぶぶん》が、**長靴《ながぐつ》の底《そこ》も突《つ》き通《とお》すほどの鋭《するど》いトゲ**でおおわれているのです。葉《は》を食《た》べる食欲旺盛《しょくよくおうせい》な魚《さかな》たちから身《み》を守《まも》っているのでしょう。

しかし、植物園《しょくぶつえん》など魚《さかな》のいない池《いけ》で長《なが》く栽培《さいばい》していると、武装解除《ぶそうかいじょ》が発令《はつれい》されたかのように、トゲは消失《しょうしつ》します。

オオオニバス（大鬼蓮）

分布《ぶんぷ》……ボリビア、ギアナ
生育場所《せいいくばしょ》……アマゾン川流域《がわりゅういき》
花《はな》の直径《ちょっけい》……20～40ｃｍ

Q 植物《しょくぶつ》はみんな武器《ぶき》をもっているの？

A

植《しょく》物《ぶつ》は一度《いちど》根《ね》を張《は》ってしまうと、その場所《ばしょ》からほとんど動《うご》くことができません。逃《に》げられないため、ほかの生《い》き物《もの》からいつもねらわれています。食《た》べ物《もの》に利用《りよう》されたり、すみかに利用《りよう》されたり、植物《しょくぶつ》はほかの生《い》き物《もの》たちから見《み》れば都合《つごう》のよい獲《え》物《もの》です。しかし、植物《しょくぶつ》は何《なに》も手《て》を打《う》たずに、ただ利用《りよう》されてばかりいるわけではありま

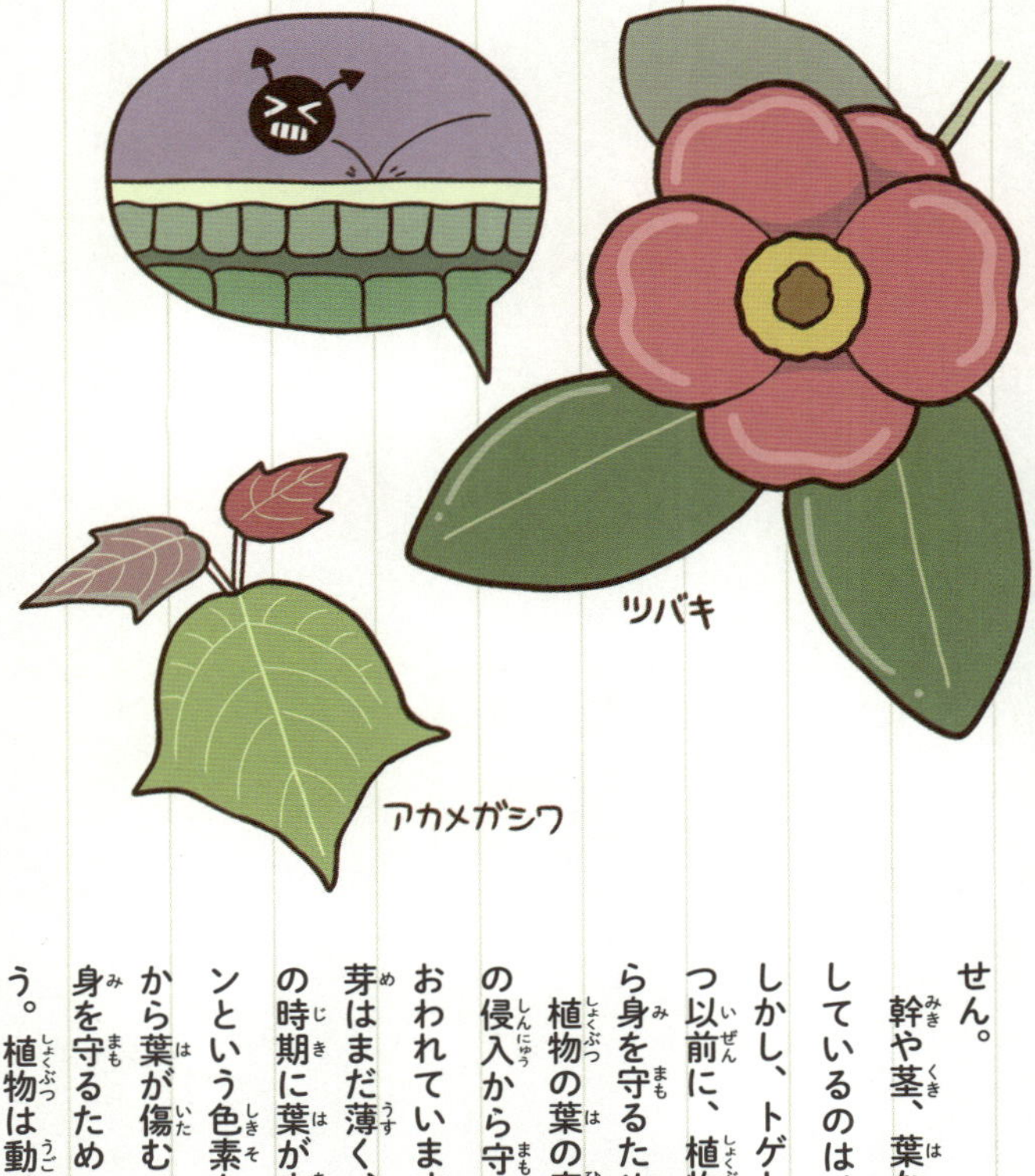

せん。

幹《みき》や茎《くき》、葉《は》などにトゲを生《は》やして武器《ぶき》にしているのは、身《み》を守《まも》るワザの一《ひと》つです。

しかし、トゲという分《わ》かりやすい武器《ぶき》をもつ以前《いぜん》に、植物《しょくぶつ》の体《からだ》には、もともと外敵《がいてき》から身《み》を守《まも》るための仕組《しく》みが備《そな》わっています。

植物《しょくぶつ》の葉《は》の表面《ひょうめん》は、水分《すいぶん》の蒸発《じょうはつ》や病原菌《びょうげんきん》の侵入《しんにゅう》から守《まも》る「ワックス（ロウ）」でおおわれています。また、広《ひろ》げたばかりの新《しん》芽《め》はまだ薄《うす》く、弱々《よわよわ》しい印象《いんしょう》ですが、新芽《しんめ》の時期《じき》に葉《は》が赤《あか》くなる植物《しょくぶつ》はアントシアニンという色素《しきそ》をもっていて、有毒《ゆうどく》な紫外線《しがいせん》から葉《は》が傷《いた》むのを防《ふせ》いでいます。これらも身《み》を守《まも》るための武器《ぶき》の一《ひと》つと言《い》えるでしょう。植物《しょくぶつ》は動《うご》けないからこそ、いろいろな武器《ぶき》を用意《ようい》して生《い》きています。

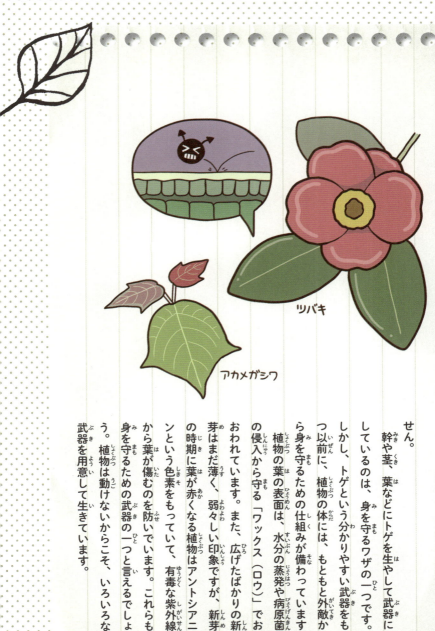

第《だい》4章《しょう》

寄《き》生《せい》するから

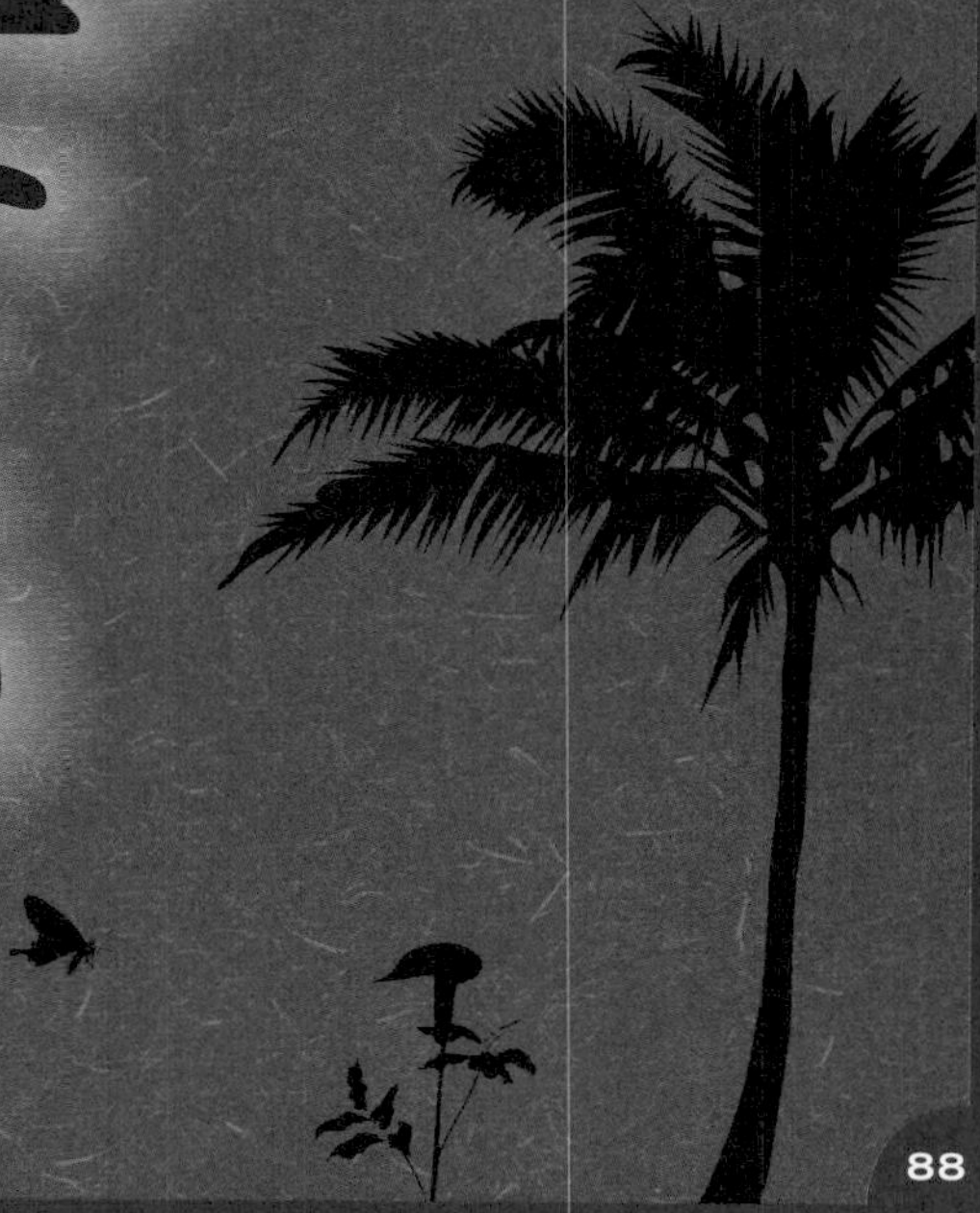

こわい

ずるがしこいのではなく、したたかなんです。

ネナシカズラ

吸血鬼《きゅうけつき》のように生《い》きる
モンスター植物《しょくぶつ》

ネナシカズラは、「寄生《きせい》」の道《みち》を選《えら》んだつる植物《しょくぶつ》です。黄色《きいろ》いつるのあちこちから出《で》る**キバのような「寄生根《きせいこん》」をほかの植物《しょくぶつ》に食《く》いこませ、**養分《ようぶん》を吸《す》い取《と》って生《い》きており、「黄色《きいろ》い吸血鬼《きゅうけつき》」とも呼《よ》ばれます。

発芽《はつが》してからつるを伸《の》ばし、寄生《きせい》する植物《しょくぶつ》を物色《ぶっしょく》する間《あいだ》は、地中《ちちゅう》に根《ね》を伸《の》ばしています。しかし、植物《しょくぶつ》でありながら**光合成《こうごうせい》をするための葉《は》はありません**。つるで、あたりを触《さわ》りながら好《この》みの植物《しょくぶつ》をあさり、**寄生根《きせいこん》を突《つ》き刺《さ》します**。そして、ひとたび植物《しょくぶつ》に取《と》りついたら地中《ちちゅう》の根《ね》はお払《はら》い箱《ばこ》。供給源《きょうきゅうげん》である植物《しょくぶつ》を枯《か》らすほどに**養分《ようぶん》を吸《す》いつくし、仲間同士《なかまどうし》で共食《ともぐ》い**さえします。恐《おそ》るべきこの吸血鬼《きゅうけつき》、じつはアサガオの仲間《なかま》だというからおどろきです。

ネナシカズラ（根無葛）

分布《ぶんぷ》……日本各地《にほんかくち》、東《ひがし》アジアの温帯《おんたい》
生育場所《せいいくばしょ》……日《ひ》あたりの良《よ》い山野《さんや》、川原《かわら》、海岸《かいがん》
茎《くき》の太《ふと》さ……約《やく》1.5mm

アツモリソウ

菌《きん》に発芽《はつが》を手伝《てつだ》わせる、極小《ごくしょう》サイズのタネ

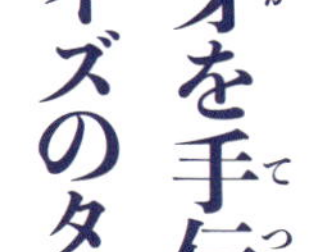

優雅《ゆうが》な花《はな》を咲《さ》かせるアツモリソウは、古《ふる》くから人気《にんき》の高《たか》い植物《しょくぶつ》です。しかし、発芽《はつが》の仕組《しく》みが独特《どくとく》なため、人間《にんげん》が栽《さい》培《ばい》することは困難《こんなん》です。

アツモリソウは数万個《すうまんこ》のタネをつけますが、１粒《つぶ》の大《おお》きさは１ミリもありません。多《おお》くの植物《しょくぶつ》は発芽《はつが》するときの栄養《えいよう》をタネにもたせていますが、この小《ちい》さいタネにはありません。

極小《ごくしょう》のタネは空気《くうき》の流《なが》れに乗《の》って旅《たび》立《だ》ち、不時着《ふじちゃく》すると、生《い》きるための作《さく》戦《せん》が開始《かいし》されます。土中《どちゅう》にくらしている**特定《とくてい》の菌《きん》を根《ね》の中《なか》に住《す》まわせると、発芽《はつが》に必要《ひつよう》な養分《ようぶん》を吸《す》い上《あ》げ、菌《きん》に発《はっ》芽《が》を手伝《てつだ》わせる**のです。その上《うえ》、**菌《きん》の成長《せいちょう》を抑《おさ》える物質《ぶっしつ》**さえも出《だ》しています。ずるがしこいようですが、これも生《い》きるためのワザなのです。

アツモリソウ（敦盛草）

分布《ぶんぷ》……日本《にほん》（北海道《ほっかいどう》〜本州《ほんしゅう》）、東《ひがし》アジア
生育場所《せいいくばしょ》……明《あか》るい草原《そうげん》
高《たか》さ……30〜50ｃｍ

ギンリョウソウ

菌《きん》に取《と》りつく、幽霊《ゆうれい》のような青白《あおじろ》い体《からだ》

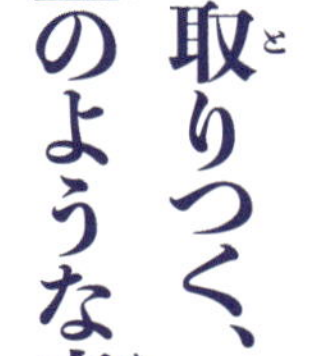

ギンリョウソウは葉《は》も花《はな》もある植物《しょくぶつ》ですが、全体《ぜんたい》が青白《あおじろ》く、その姿《すがた》はまるで幽霊《ゆうれい》のよう。**光合成《こうごうせい》を行《おこな》わず、完全《かんぜん》に他者《たしゃ》に養分《ようぶん》を依存《いぞん》する寄生生活《きせいせいかつ》**を送《おく》っています。根《ね》の内部《ないぶ》に**菌類《きんるい》を住《す》まわせ、家賃《やちん》代《が》わりに菌類《きんるい》から養分《ようぶん》を抜《ぬ》き取《と》っている**のです。しかし、受《う》け取《と》るこの養分《ようぶん》の出処《でどころ》は菌類《きんるい》ではありません。この菌類《きんるい》とはベニタケの仲間《なかま》です。

ベニタケは、土中《どちゅう》のミネラル分《ぶん》を樹木《じゅもく》が吸収《きゅうしゅう》しやすい形《かたち》にしてコナラというブナ科《か》の樹木《じゅもく》に受《う》け渡《わた》し、その報酬《ほうしゅう》に、コナラが光合成《こうごうせい》で作《つく》る糖分《とうぶん》を得《え》ています。ベニタケとコナラは共生関係《きょうせいかんけい》にあるのです。ギンリョウソウはこの関係《かんけい》に乗《じょう》じて、ベニタケを経由《けいゆ》し、コナラが作《つく》った養分《ようぶん》を吸収《きゅうしゅう》して生《い》きているのです。ちょっと複雑《ふくざつ》ですね。

ギンリョウソウ（銀竜草）

分布《ぶんぷ》……日本各地《にほんかくち》、朝鮮半島《ちょうせんはんとう》、中国《ちゅうごく》、台湾《たいわん》、ヒマラヤ、インドシナ
生育場所《せいいくばしょ》……山地《さんち》のやや湿《しめ》り気《け》のある場所《ばしょ》
高《たか》さ……8～20cm
別名《べつめい》……ユウレイタケ

ナンバンギセル

見《み》た目《め》はいじらしい
ですが、本性《ほんしょう》は吸血鬼《きゅうけつき》

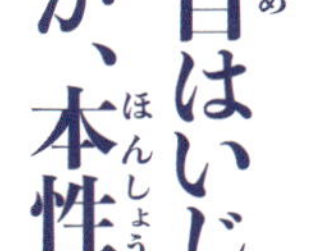

ナンバンギゼルは、秋《あき》、涼風《りょうふう》が立《た》つようになると、ススキの根元《ねもと》でピンク色《いろ》のかわいい花《はな》を咲《さ》かせます。その弱々《よわよわ》しく寄《よ》りそう姿《すがた》から「思《おも》い草《ぐさ》」と呼《よ》ばれ、和歌《わか》の世界《せかい》では、「忍《しの》ぶ恋《こい》」をしている人《ひと》にたとえられています。

しかし、実態《じったい》は違《ちが》います。ナンバンギセルは何《なに》もススキが恋《こい》しくてそばにいるわけではありません。ススキやトウモロコシ、サトウキビなどの**イネ科《か》植物《しょくぶつ》の根《ね》に取《と》りついて養分《ようぶん》を吸《す》い取《と》っている**のです。葉緑素《ようりょくそ》をいっさいもたず、茎《くき》や葉《は》は一応《いちおう》ありますが、地上《ちじょう》には花《はな》以外《いがい》出《だ》しません。作物《さくもつ》として植《う》えられたトウモロコシやサトウキビを枯《か》らし、**大《おお》きな被害《ひがい》を与《あた》える**こともあるのです。かわいい顔《かお》して、とんだ食《く》わせ物《もの》です。

ナンバンギセル（南蛮煙管）

分布《ぶんぷ》……日本各地《にほんかくち》、アジア東部《とうぶ》・南部《なんぶ》の熱帯《ねったい》～温帯《おんたい》
生育場所《せいいくばしょ》……草地《くさち》
高《たか》さ……15～30ｃｍ

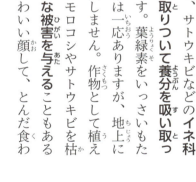

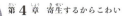

ヤドリギ

ほかの木《き》の上《うえ》に住《す》む、
ラクラク寄生生活《きせいせいかつ》

ヤドリギは、冬《ふゆ》に葉《は》を落《お》とす**落葉樹《らくようじゅ》の幹《みき》や枝《えだ》に根《ね》を張《は》り、半分《はんぶん》だけ寄生《きせい》の生活《せいかつ》**を送《おく》る半寄生植物《はんきせいしょくぶつ》です。自分《じぶん》でも光合成《こうごうせい》を行《おこな》いますが、樹上《じゅじょう》の生活《せいかつ》では、ほかの植物《しょくぶつ》が土中《どちゅう》から得《え》ているミネラル分《ぶん》と水分《すいぶん》に事欠《ことか》きます。そこで、ヤドリギは**寄生《きせい》している樹木《じゅもく》からそれらを盗《ぬす》み取《と》る**のです。

家探《いえさが》しとタネまきは、ヒレンジャクなどの野鳥《やちょう》を利用《りよう》。ビシンという**強力《きょうりょく》な粘着物質《ねんちゃくぶっしつ》をしこんだ実《み》**を用意《ようい》して、鳥《とり》に食《た》べさせます。木《き》の上《うえ》で鳥《とり》がフンをすると、ビシンのネバネバ効果《こうか》でフンはべとーっとすぐそばの枝《えだ》にへばりつき、これでタネまきが完了《かんりょう》します。あとは木《き》の内部《ないぶ》まで**根《ね》をしっかり食《く》いこませ、木《き》の養分《ようぶん》をくみ上《あ》げる**だけ。なんともお気楽《きらく》な生活《せいかつ》ですね。

ヤドリギ（宿木）

分布《ぶんぷ》……日本《にほん》（北海道《ほっかいどう》～九州《きゅうしゅう》）、世界《せかい》の温帯《おんたい》～熱帯《ねったい》
生育場所《せいいくばしょ》……エノキ・クリ・サクラ・ブナ・ミズナラなどの落葉樹《らくようじゅ》
直径《ちょっけい》……30～100ｃｍ

ガジュマル

居場所《いばしょ》を乗《の》っ取《と》る
絞《し》め殺《ころ》しの木《き》

ガジュマルは熱帯《ねったい》の森林《しんりん》に育《そだ》ち、イチジクのような果実《かじつ》をつける樹木《じゅもく》です。果実《かじつ》は鳥《とり》やコウモリに食《た》べられ、ほかの木《き》の上《うえ》にタネが排出《はいしゅつ》されると、その木《き》の上《うえ》で発芽《はつが》します。ところが、木《き》の上《うえ》では十分《じゅうぶん》な水《みず》や養分《ようぶん》が得《え》られません。そこで、細《ほそ》い根《ね》を地面《じめん》に向《む》けてたくさん垂《た》らしていきます。

いよいよ根《ね》が地面《じめん》にたどり着《つ》くと、**ガジュマルは豹変《ひょうへん》。**土中《どちゅう》から得《え》る栄養《えいよう》満点《まんてん》の養分《ようぶん》でむくむく成長《せいちょう》し始《はじ》めます。**垂《た》れていた細《ほそ》い根《ね》は太《ふと》くなって**ガジュマルを支《ささ》え、**取《と》りついた木《き》をすっぽりおおって**しまいます。そしてついに、**光《ひかり》を閉《と》ざされた内側《うちがわ》の木《き》は枯《か》れて**しまうのです。こうした生態《せいたい》から、ガジュマルは「締《し》め殺《ころ》しの木《き》」とも呼《よ》ばれています。

ガジュマル

分布《ぶんぷ》……日本《にほん》（種子島以南《たねがしまいなん》）、インド～東南《とうなん》アジアの熱帯《ねったい》

生育場所《せいいくばしょ》……湖沼《こしょう》、湿地《しっち》、池《いけ》、水田《すいでん》

高《たか》さ……約《やく》20m

クリスマスツリー

ハサミ内蔵《ないぞう》の寄生根《きせいこん》で
根《ね》をパチン！

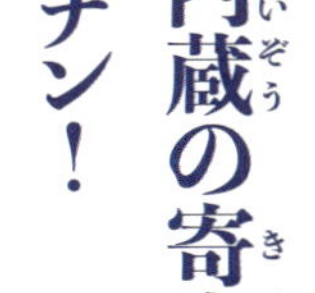

このクリスマスツリーとは、クリスマスのころ、南半球《みなみはんきゅう》でオレンジ色《いろ》の花《はな》を咲《さ》かせる樹木《じゅもく》のことです。一見《いっけん》ふつうの木《き》のように見《み》えますが、光合成《こうごうせい》をしつつ、ほかの植物《しょくぶつ》に寄生《きせい》もする半寄生植物《はんきせいしょくぶつ》です。乾燥《かんそう》した土地《とち》で生《い》きるため、**不足《ふそく》しがちな水《みず》やミネラルをほかの植物《しょくぶつ》の根《ね》から横取《よこど》り**しているのです。

地中《ちちゅう》に根《ね》を伸《の》ばしてほかの植物《しょくぶつ》の根《ね》に出会《であ》うと、その根《ね》を寄生根《きせいこん》で取《と》り囲《かこ》みます。この寄生根《きせいこん》は指輪《ゆびわ》のような形《かたち》をしていて、中《なか》にはハサミの働《はたら》きをする仕組《しく》みが備《そな》わっています。この**ハサミで寄生《きせい》する植物《しょくぶつ》の根《ね》を切《き》り、自分《じぶん》の根《ね》とつなげ、水《みず》やミネラルをまんまと盗《ぬす》む**のです。電線《でんせん》なども切《き》ってしまうので、停電《ていでん》を引《ひ》きおこすこともあって、ちょっとやっかいな植物《しょくぶつ》です。

クリスマスツリー

分布《ぶんぷ》……オーストラリア西部《せいぶ》
生育場所《せいいくばしょ》……乾燥地《かんそうち》
高《たか》さ……2～10m

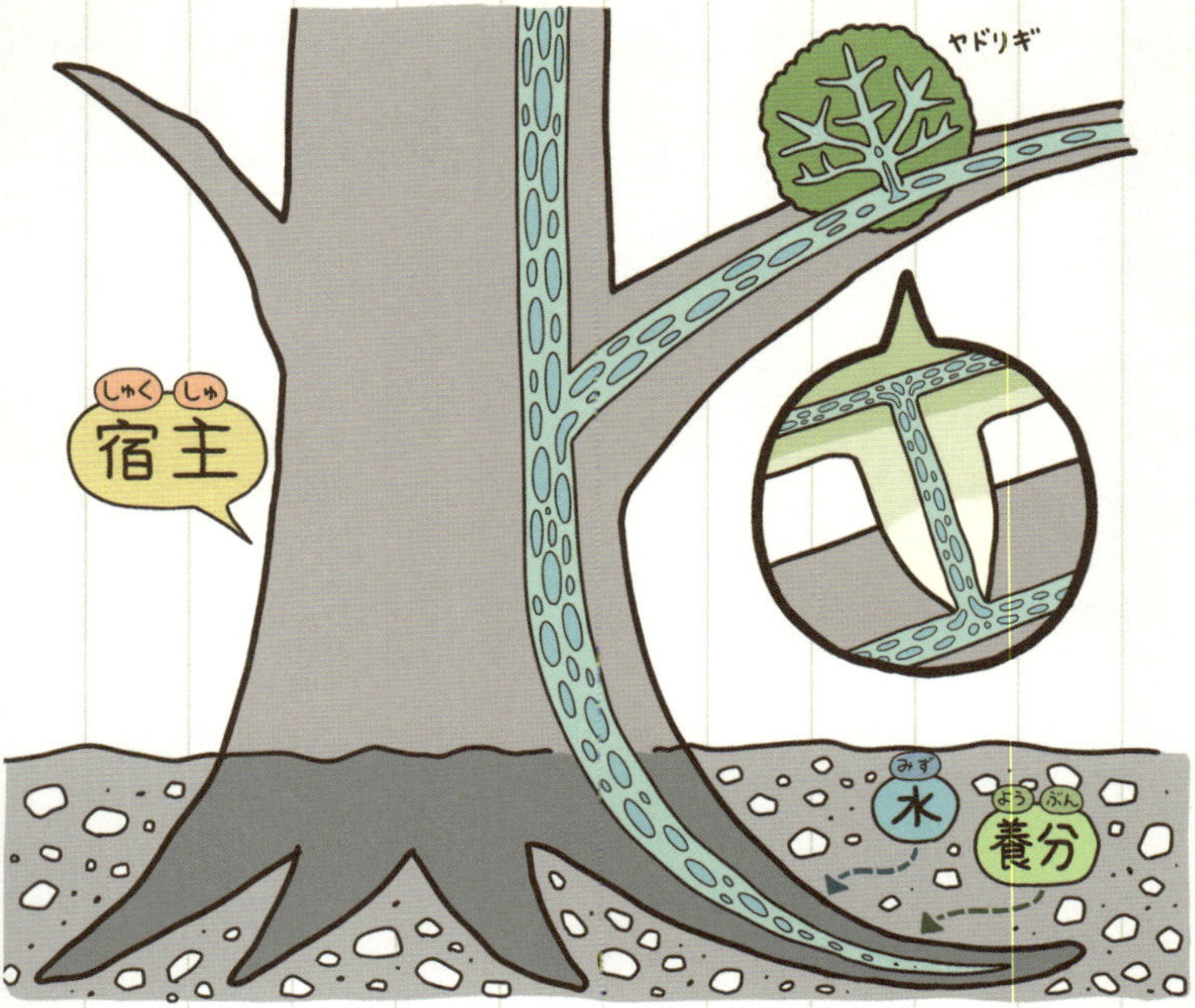

Q 寄生植物《きせいしょくぶつ》は、どうやって栄養《えいよう》を盗《ぬす》むの？

A

ほかの植物《しょくぶつ》が作《つく》った養分《ようぶん》をちゃっかり盗《ぬす》んで、自分《じぶん》の栄養《えいよう》にして生《い》きる植《しょく》物《ぶつ》のことを「寄生植物《きせいしょくぶつ》」と言《い》います。寄生《きせい》植物《しょくぶつ》は「寄生根《きせいこん》」と呼《よ》ばれる特別《とくべつ》な根《ね》をもっていて、寄生《きせい》される側《がわ》の植物《しょくぶつ》（宿主《しゅくしゅ》）の根《ね》や茎《くき》などに、その寄生根《きせいこん》を差《さ》しこみます。

植物《しょくぶつ》の根《ね》や茎《くき》、葉《は》には「維管束《いかんそく》」と呼《よ》ばれる、根《ね》から吸《す》い上《あ》げた水《みず》や、葉《は》で作《つく》った

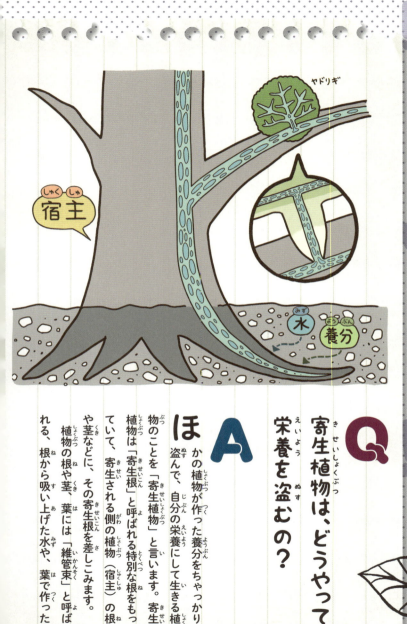

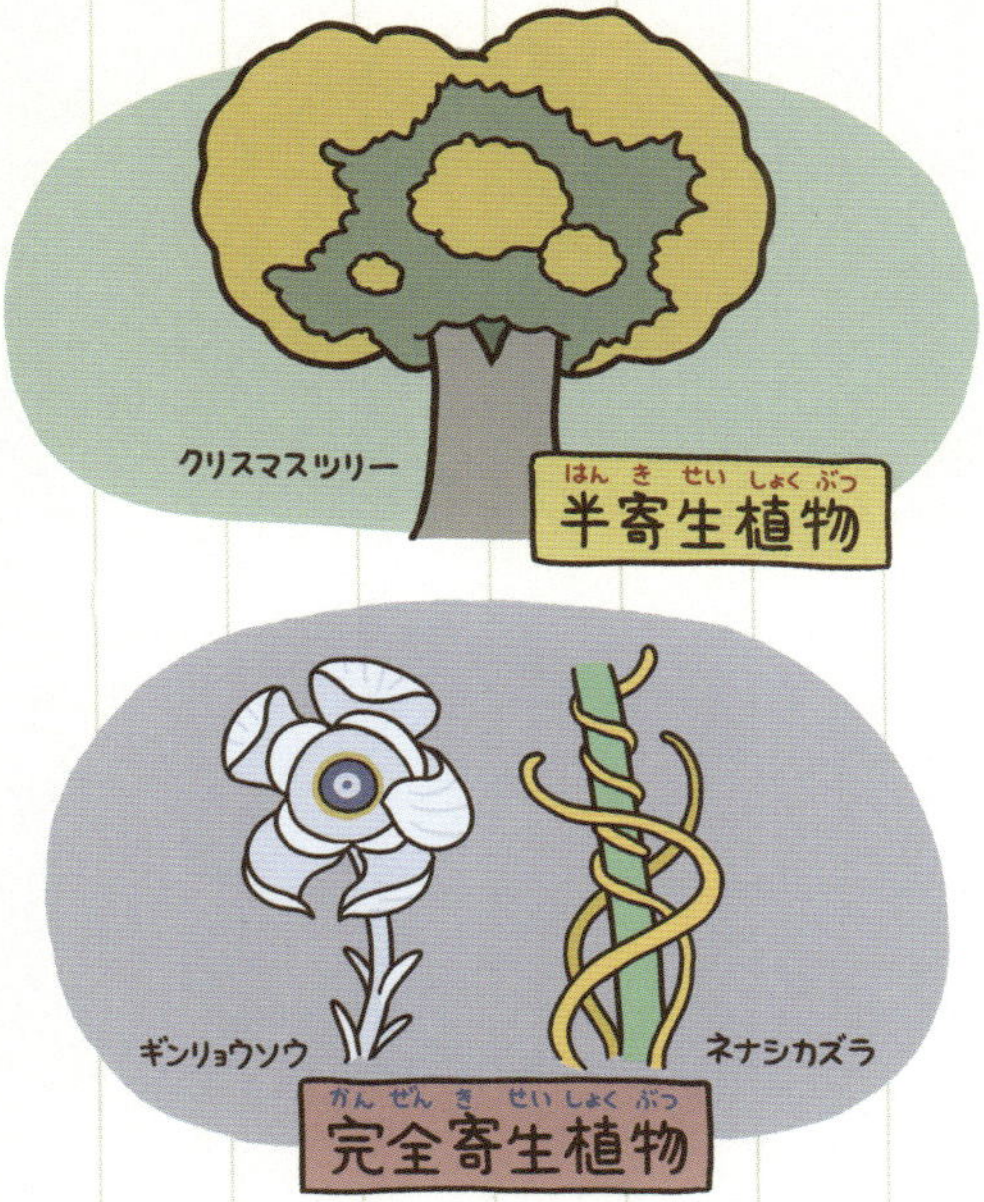

養分《ようぶん》を全身《ぜんしん》に運《はこ》ぶ「管《くだ》」が通《かよ》っています。つまり、維管束《いかんそく》は私《わたし》たちの体《からだ》の中《なか》を走《はし》っている血管《けっかん》のようなものです。寄生植物《きせいしょくぶつ》は、宿主《しゅくしゅ》の維管束《いかんそく》まで寄生根《きせいこん》を侵入《しんにゅう》させ、維管《いかん》束《そく》の組織《そしき》と結合《けつごう》して、宿主《しゅくしゅ》の水《みず》や養分《ようぶん》を盗《ぬす》んでいます。

寄生植物《きせいしょくぶつ》には、大《おお》きく分《わ》けて二《ふた》つのタイプがあります。一《ひと》つは、光合成《こうごうせい》をする機能《きのう》をもたずに１００％宿主《しゅくしゅ》にたよる「完全寄《かんぜんき》生植物《せいしょくぶつ》」。もう一《ひと》つは、光合成《こうごうせい》をする機能《きのう》をもち、自分《じぶん》でも養分《ようぶん》を合成《ごうせい》している「半《はん》寄生植物《きせいしょくぶつ》」です。

そもそも光合成《こうごうせい》は、植物《しょくぶつ》であることの最《さい》大《だい》の特徴《とくちょう》の一《ひと》つ。それを捨《す》て去《さ》って生《い》きる寄生植物《きせいしょくぶつ》ですが、それもまた、生活環境《せいかつかんきょう》に適応《てきおう》した生活形態《せいかつけいたい》の一例《いちれい》と言《い》えるでしょう。

第《だい》5章《しょう》

生《い》き物《もの》をあやつって

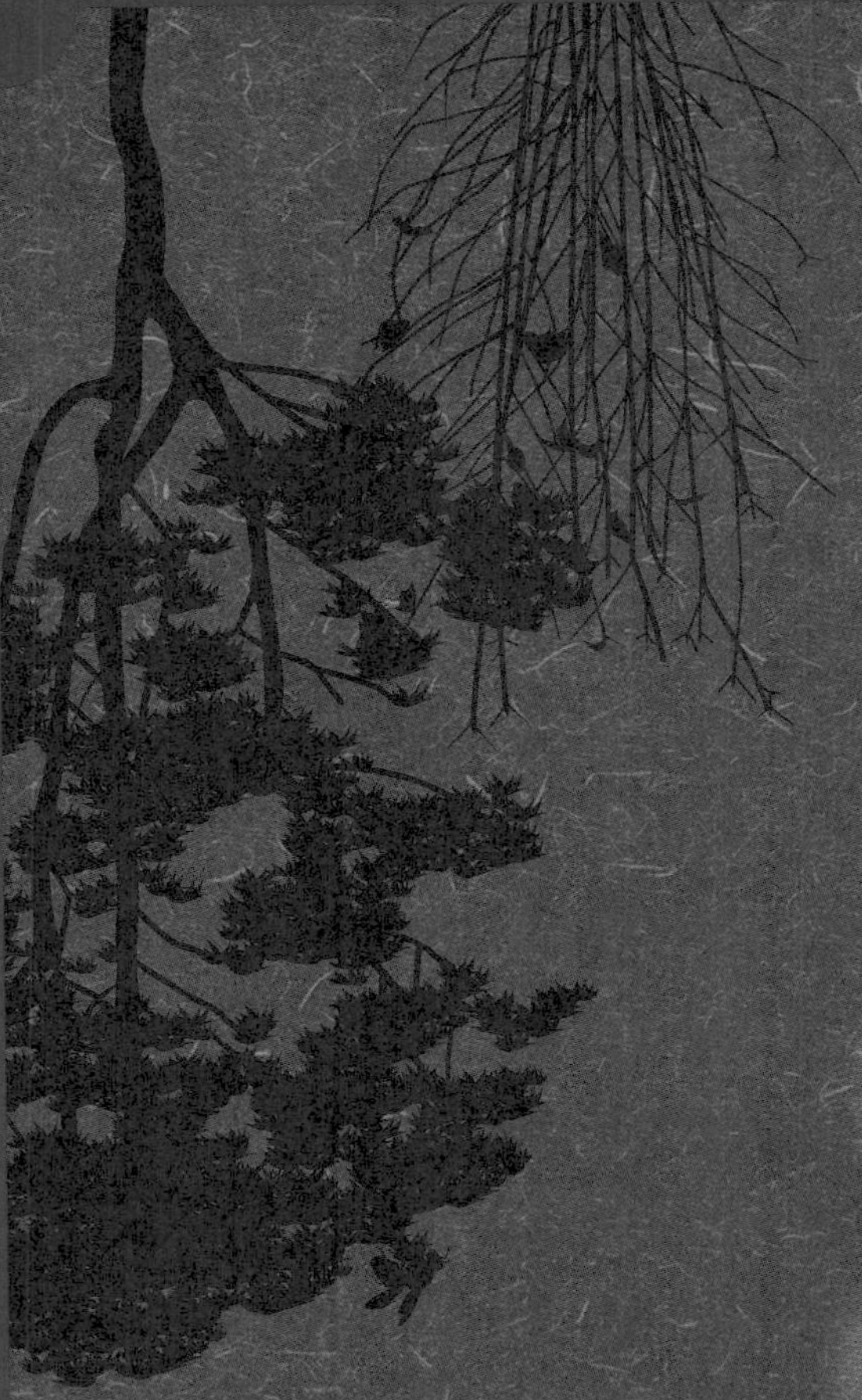

こわい

こんなに
かしこいとは
思《おも》いも
しませんでした。

マムシグサ

雌花《めばな》は虫《むし》を閉《と》じこめて逃《に》がさない！

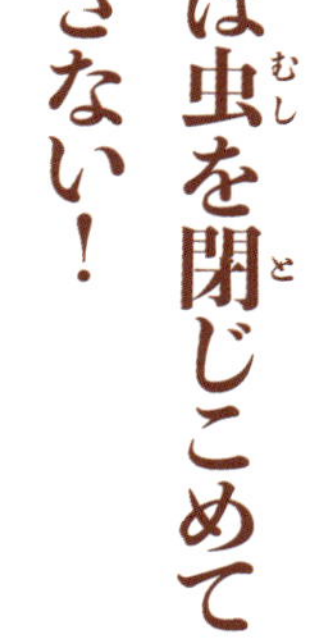

マムシグサは、**オスからメスに性転《せいてん》換《かん》する植物《しょくぶつ》です。**若《わか》い時《とき》はオスで、雄《お》花《ばな》を咲《さ》かせます。地下《ちか》の肥大《ひだい》した茎《くき》に十分栄養《じゅうぶんえいよう》をためこむとオスからメスに変《か》わって、雌花《めばな》を咲《さ》かせます。このマムシグサ、**花粉《かふん》を確実《かくじつ》に運《はこ》んでもらうために、昆虫《こんちゅう》を利用《りよう》**しています。

花《はな》は香《かお》りを出《だ》して虫《むし》を誘《さそ》います。入《はい》りこんだ虫《むし》は、すべりやすい内壁《ないへき》をよじのぼって出《で》ることはできません。

入《はい》った花《はな》が雄花《おばな》だった場合《ばあい》、下《した》の方《ほう》に脱出口《だっしゅつこう》があるので、そこから虫《むし》は出《で》られます。しかし、雌花《めばな》には脱出口《だっしゅつこう》がないので、逃《に》げ出《だ》せず、いずれ死《し》んでしまいます。

これは、雄花《おばな》にきた虫《むし》に花粉《かふん》をつけて外《そと》に出《だ》し、**雌花《めばな》では虫《むし》を逃《のが》さずに受《じゅ》粉《ふん》をさせる**という恐《おそ》ろしい方法《ほうほう》です。

マムシグサ（蝮草）

分布《ぶんぷ》……日本《にほん》（北海道《ほっかいどう》～九州《きゅうしゅう》）
生育場所《せいいくばしょ》……野山《のやま》のやや湿《しめ》った場所《ばしょ》
高《たか》さ……50～60ｃｍ
別名《べつめい》……テンナンショウ

ガガイモ

強者《きょうしゃ》には蜜《みつ》を、
弱者《じゃくしゃ》には死《し》を……

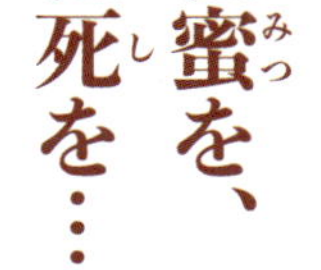

ガガイモの毛《け》むくじゃらの花《はな》びらの中央《ちゅうおう》には、雌《め》しべと雄《お》しべが一体化《いったいか》した「ずい柱《ちゅう》」と呼《よ》ばれるものがおさまっています。このずい柱《ちゅう》の表面《ひょうめん》には、5本《ほん》の細《ほそ》い溝《みぞ》が縦《たて》に入《はい》っていて、そこから蜜《みつ》がしみ出《だ》しています。蜜《みつ》を吸《す》った虫《むし》が口《くち》を引《ひ》きぬく時《とき》に、溝《みぞ》の上部《じょうぶ》にある花粉《かふん》がくっつく仕組《しく》みです。

ガガイモにはさまざまな虫《むし》が訪《おとず》れますが、蜜《みつ》を無事《ぶじ》に吸《す》えるのは力《ちから》の強《つよ》い虫《むし》だけ。力《ちから》が弱《よわ》いと**口《くち》が溝《みぞ》にはさまって抜《ぬ》けなくなる**ことがあるのです。力《ちから》の強《つよ》い虫《むし》は暴《あば》れたら外《はず》れますが、弱《よわ》い虫《むし》だと、外《はず》れずにぶら下《さ》がったまま命《いのち》を落《お》とすことになります。

ほかの花《はな》へ確実《かくじつ》に花粉《かふん》を運《はこ》ばせるために、**強《つよ》い虫《むし》を選《えら》び、弱《よわ》い虫《むし》を排除《はいじょ》する恐《おそ》ろしい花《はな》のつくり**です。

ガガイモ（鏡芋《かがみいも》）

分布《ぶんぷ》……日本《にほん》（北海道《ほっかいどう》〜九州《きゅうしゅう》）、東《ひがし》アジアの温帯《おんたい》
生育場所《せいいくばしょ》……日《ひ》あたりの良《よ》いやや乾《かわ》いた野原《のはら》、河原《かわら》
花《はな》の大《おお》きさ……１ｃｍ

キャベツ

ハチに指示《しじ》を出《だ》して、
天敵《てんてき》を死《し》に追《お》いやる

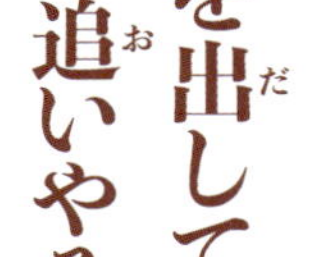

キャベツには、葉《は》を食《た》べられないための作戦《さくせん》があります。虫《むし》が嫌《きら》うカラシ油《ゆ》を葉《は》にしこむ作戦《さくせん》です。しかし、たいがいの虫《むし》には効果《こうか》があるのですが、モンシロチョウの幼虫《ようちゅう》（アオムシ）やコナガの幼虫《ようちゅう》には効果《こうか》なし。それどころか、カラシ油《ゆ》は幼虫《ようちゅう》の親《おや》が卵《たまご》を産《う》みつける時《とき》の目印《めじるし》になっています。

そこで、**殺《ころ》し屋《や》を呼《よ》び寄《よ》せます。アオムシの天敵《てんてき》である寄生《きせい》バチにアオムシ退治《たいじ》をさせる**のです。合図《あいず》は葉《は》が食《た》べられた時《とき》に出《だ》す匂《にお》い。匂《にお》いに誘導《ゆうどう》された寄生《きせい》バチは、**アオムシの体《からだ》に卵《たまご》を産《う》みつけ**ます。体内《たいない》でふ化《か》した寄生《きせい》バチの幼虫《ようちゅう》は、**アオムシの体液《たいえき》を吸《す》って成長《せいちょう》**し、最後《さいご》にいっせいに皮《かわ》を破《やぶ》って出《で》てきて、まゆを作《つく》ります。こうしてアオムシは退治《たいじ》されるのです。

キャベツ

別名《べつめい》……カンラン、タマナ
原種《げんしゅ》……ケール（地中海沿岸《ちちゅうかいえんがん》～中東原産《ちゅうとうげんさん》）
寄生《きせい》バチ……アオムシコマユバチ

サルナシ

さまざまな動物《どうぶつ》に、少《すこ》しずつタネまきをさせる

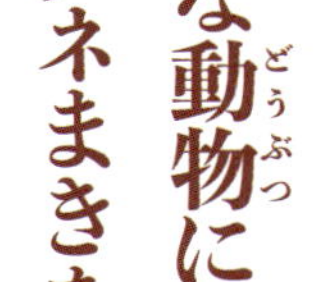

サルナシは、秋《あき》にキウイフルーツによく似《に》た果実《かじつ》をみのらせる、つる性《せい》の樹木《じゅもく》です。甘酸《あまず》っぱく香《かお》りの良《よ》い果実《かじつ》は、サルやタヌキ、テンなどの動物《どうぶつ》たちに大人気《だいにんき》。

勢力《せいりょく》を拡大《かくだい》するため、サルナシはとりあえず動物《どうぶつ》たちに果実《かじつ》を食《た》べさせます。フンに紛《まぎ》れこませて**タネを広範囲《こうはんい》にまきたい**からです。しかし、一頭《いっとう》だけに大量《たいりょう》に食《た》べられても困《こま》ります。

そこで、食《た》べすぎると**舌《した》の表面《ひょうめん》や口《くち》、のどの粘膜《ねんまく》、触《さわ》った手《て》の皮《ひ》ふなどが溶《と》け**、チクチク、イガイガとした不快感《ふかいかん》を引《ひ》きおこす成分《せいぶん》を果肉《かにく》にしこんでいます。すると動物《どうぶつ》は、もう食《た》べたくなくなるという作戦《さくせん》です。

こうしてサルナシは、**動物《どうぶつ》たちに効《こう》率《りつ》よくタネまきをさせている**のです。

サルナシ（猿梨）

分布《ぶんぷ》……日本《にほん》（北海道《ほっかいどう》～九州《きゅうしゅう》、南千島《みなみちしま》）、朝鮮半島《ちょうせんはんとう》、中国《ちゅうごく》
生育場所《せいいくばしょ》……山地《さんち》
果実《かじつ》の大《おお》きさ……２～３ｃｍ
別名《べつめい》……シラクチヅル、シラクチカズラ、コクワ、ベビーキウイ

アリアカシア

すみかと食料《しょくりょう》を与《あた》えて、アリにガードマン役《やく》をさせる

アリアカシアの葉《は》のつけ根《ね》には、中《なか》が空洞《くうどう》になった鋭《するど》いトゲが1対《つい》ずつあり、なんとそこに**アリの一族《いちぞく》を住《す》まわせて**います。しかも、葉先《はさき》に栄養満点《えいようまんてん》の黄色《きいろ》い粒《つぶ》をつけ、甘《あま》い蜜《みつ》とともに**食《しょく》料《りょう》として与《あた》えている**のです。

一方《いっぽう》アリは、住《す》まいと食《た》べ物《もの》をもらう代《か》わりに、**一生懸命《いっしょうけんめい》アカシアにつくします**。アリの性格《せいかく》はかなり凶暴《きょうぼう》で、葉《は》を食《た》べに来《く》る**虫《むし》の体《からだ》を食《く》いちぎった**

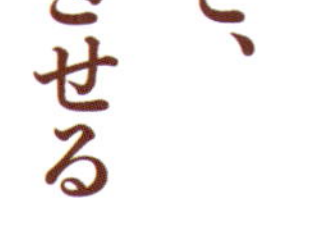

り、アカシアにからみつくつるをかみ切《き》ったりして、アリアカシアを守《まも》ります。その**つくし方《かた》は異常《いじょう》。**

アリはアリアカシアの蜜《みつ》にふくまれる酵素《こうそ》で、この蜜《みつ》以外《いがい》は消化《しょうか》できなくなり、アリアカシアへの依存度《いぞんど》を強《つよ》くしているのではないかという研究結果《けんきゅうけっか》があるほどです。

アリアカシア

分布《ぶんぷ》……中央《ちゅうおう》アメリカ、南《みなみ》アメリカ
生育場所《せいいくばしょ》……熱帯雨林《ねったいうりん》
高《たか》さ……3m
別名《べつめい》……アリノスアカシア

ショクダイオオコンニャク

2日《か》間《かん》だけの一大《いちだい》イベントで、虫《むし》に花粉《かふん》を運《はこ》ばせる

ショクダイオオコンニャクの花《はな》に見《み》える部分《ぶぶん》は、「苞《ほう》」と呼《よ》ばれる葉《は》が変《へん》化《か》したものです。苞《ほう》の中《なか》のこん棒《ぼう》のような部分《ぶぶん》に、雄花《おばな》と雌花《めばな》をびっしりつけます。花《はな》をつけるまでに数年《すうねん》かかりますが、**咲《さ》いている期間《きかん》は2日《か》だけ**。

開花《かいか》の時《とき》、苞《ほう》が開《ひら》くと、こん棒状《ぼうじょう》の部分《ぶぶん》が発熱《はつねつ》し、**湯気《ゆげ》とともに腐肉《ふにく》のような悪臭《あくしゅう》を放《はな》ち**、腐《くさ》った肉《にく》を食《た》べるシデムシなどをおびき寄《よ》せます。苞《ほう》の内《うち》

側《がわ》はツルツルしていて、匂《にお》いと熱《ねつ》に熱《ねっ》狂《きょう》している虫《むし》が次々《つぎつぎ》に転《ころ》げ落《お》ちると苞《ほう》は閉《と》じ、**虫《むし》を閉《と》じこめて逃《に》がしません。**

　しばらくして苞《ほう》がくずれ落《お》ちると、腐肉《ふにく》にありつけなかった花粉《かふん》まみれの虫《むし》が出《で》てきます。虫《むし》がまた別《べつ》の花《はな》につられ、同《おな》じように閉《と》じこめられることで、花粉《かふん》は効率《こうりつ》よく届《とど》けられるのです。

ショクダイオオコンニャク
（燭台大蒟蒻）

分布《ぶんぷ》……インドネシア（スマトラ島《とう》）
生育場所《せいいくばしょ》……谷間《たにま》の急傾斜地《きゅうけいしゃち》
高《たか》さ……3m

ハンマーオーキッド

たくみな花《はな》のつくりで、オスバチを完全《かんぜん》コントロール

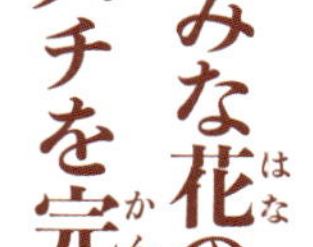

　ハンマーオーキッドは、非常《ひじょう》に機能《きのう》的《てき》な花《はな》を咲《さ》かせます。コッチバチというハチのメスに似《に》た花《はな》びらをつけて、コッチバチのオスをおびき寄《よ》せ、特別《とくべつ》なしかけで、オスの体《からだ》に確実《かくじつ》に花粉《かふん》をくっつけるのです。

　コッチバチのメスにははねがなく、繁殖期《はんしょくき》になると植物《しょくぶつ》の茎《くき》に登《のぼ》ってオスと交尾《こうび》をします。ハンマーオーキッドの**花《はな》びらは形《かたち》や色《いろ》、感触《かんしょく》すらこのハチ**

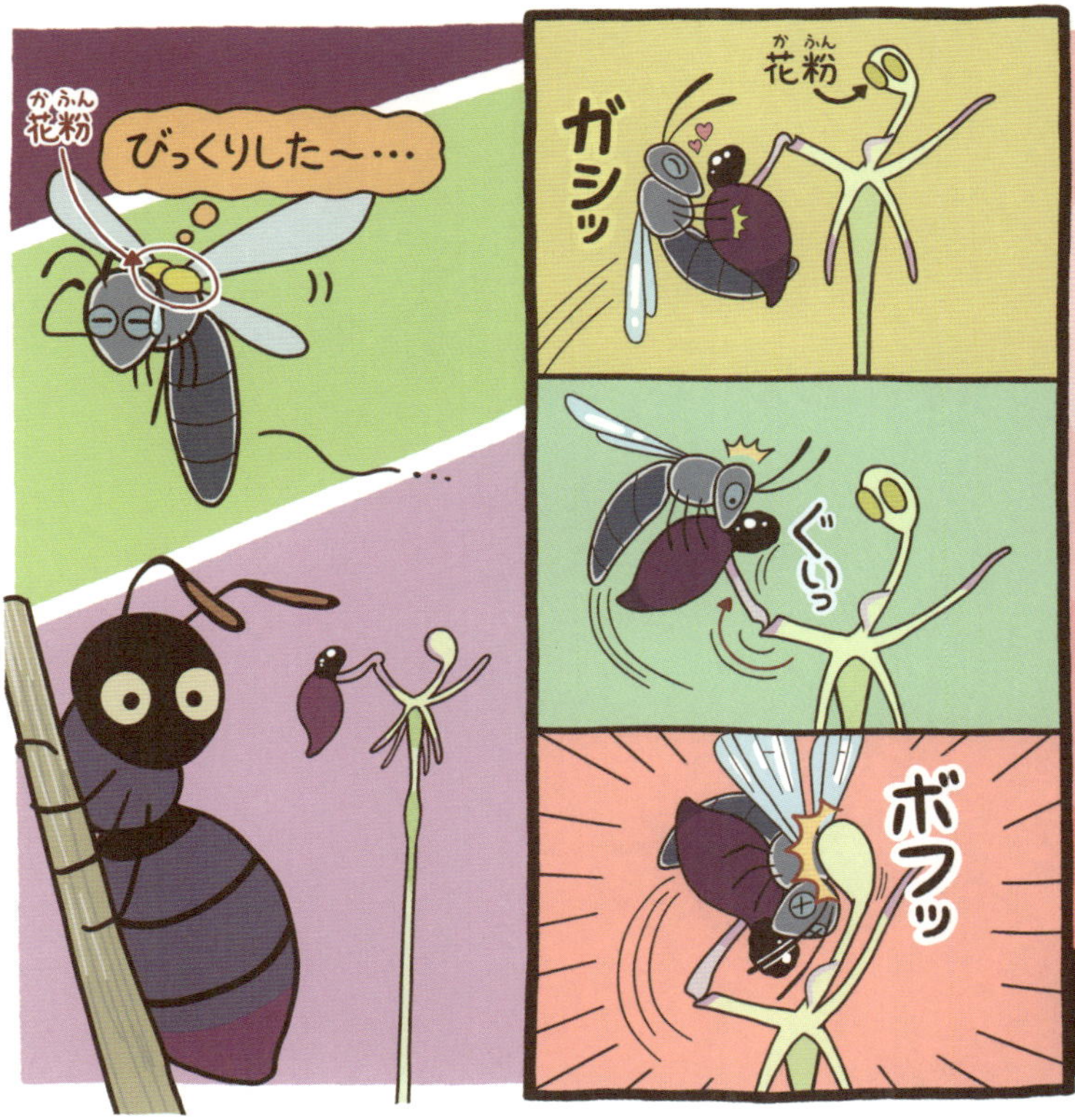

のメスにそっくりで、メスが出《だ》す香《かお》りまで似《に》せています。匂《にお》いに誘《さそ》われたオスが、抱《だ》きかかえて飛《と》び立《た》とうとすると、花《はな》びらがひっくり返《かえ》ります。ハチが花《はな》につかまった状態《じょうたい》で回転《かいてん》すると、**花粉《かふん》を詰《つ》めたパックがちょうど背中《せなか》にくっつき**ます。メスに抱《だ》きついたはずがいつの間《ま》にか花粉《かふん》の運《はこ》び屋《や》に……。

ハンマーオーキッド

分布《ぶんぷ》……オーストラリア
生育場所《せいいくばしょ》……海岸沿《かいがんぞ》いの砂地《すなち》
花《はな》の大《おお》きさ……約《やく》2ｃｍ

バケツオーキッド

花粉《かふん》を運《はこ》ばせるための、恐《おそ》ろしい完全計画《かんぜんけいかく》

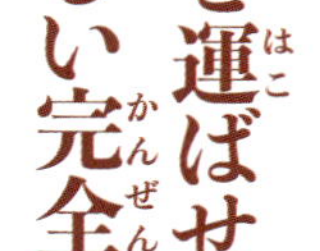

バケツオーキッドは、花《はな》からいい香《かお》りを漂《ただよ》わせ、シタバチのオスをおびき寄《よ》せます。シタバチのオスは、メスを誘惑《ゆうわく》するための匂《にお》いを、花《はな》から集《あつ》めるのですが、バケツオーキッドは**ハチのその性質《せいしつ》をまんまと利用《りよう》して、花粉《かふん》の運《はこ》び屋《や》をやらせる**のです。

花《はな》びらの一部《いちぶ》はバケツ状《じょう》になっていて中《なか》に液体《えきたい》がたまっています。バケツのつけ根《ね》からは、オスの好《す》きな香《かお》りが出《で》ていて、つられたオスは香《かお》りを集《あつ》めようと夢中《むちゅう》になって、足《あし》を滑《すべ》らせ中《なか》にポチャン。内側《うちがわ》はツルツルで、アップアップしているうちに、**体《からだ》の大《おお》きさにぴったりの脱出口《だっしゅつこう》**を見《み》つけます。ハチが命《いのち》からがら通《とお》り抜《ぬ》ける時《とき》、**花粉《かふん》を詰《つ》めこんだ袋《ふくろ》がハチの背中《せなか》にくっつく**というよくできたしかけです。

バケツオーキッド

分布《ぶんぷ》……中央《ちゅうおう》アメリカ、南《みなみ》アメリカ
生育場所《せいいくばしょ》……樹上《じゅじょう》
花《はな》の大《おお》きさ……10～15ｃｍ
別名《べつめい》……バケットオーキッド、ヘルメットラン

Q きれいな花《はな》は、なんのために咲《さ》くの？

A

植物《しょくぶつ》は子孫《しそん》を残《のこ》すために、雄《お》しべの花《か》粉《ふん》を雌《め》しべの先《さき》につけなければなりません。しかし、植物《しょくぶつ》は動《うご》けないので、さまざまな工夫《くふう》をしました。風《かぜ》に花粉《かふん》を運《はこ》んでもらうのもその一《ひと》つです。しかし風《かぜ》は気《き》まぐれで、多《おお》くの花粉《かふん》がムダになります。そこで植物《しょくぶつ》は、昆虫《こんちゅう》に花粉《かふん》を運《はこ》んでもらうために花《はな》をつくり、蜜《みつ》を用意《ようい》しました。匂《にお》

いや「きれいな花《はな》」は、昆虫《こんちゅう》に「ここに蜜《みつ》があるよ」と知《し》らせる目印《めじるし》なのです。

スミレのように、花《はな》びらに模様《もよう》がついているものがありますが、あれは蜜《みつ》のありかを教《おし》える目印《めじるし》です。昆虫《こんちゅう》は蜜《みつ》を目当《めあ》てにやって来《き》ますが、花《はな》にとっては確実《かくじつ》に花粉《かふん》をつけていってもらいたい。そこで、とまってほしい場所《ばしょ》に印《しるし》をつけるのです。

また、昆虫《こんちゅう》は紫外線《しがいせん》の反射光《はんしゃこう》が見《み》えるので、それを利用《りよう》している花《はな》があります。アブラナ科《か》の花《はな》は、人《ひと》には模様《もよう》のない黄色《きいろ》い花《はな》に見《み》えますが、紫外線《しがいせん》をあてると、蜜《みつ》のある花《はな》の中央《ちゅうおう》がほかより濃《こ》く見《み》え、虫《むし》を誘《ゆう》導《どう》しています。きれいな花《はな》には、植物《しょくぶつ》のたくみな仕《し》組《く》みがかくされているのです。

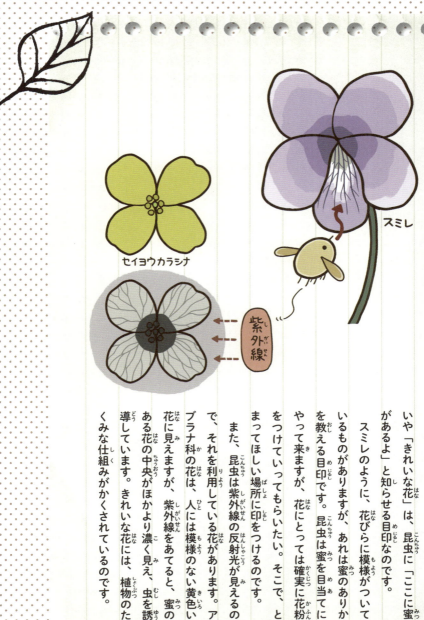

第《だい》6章《しょう》

見《み》た目《め》が

こわい

ふつうとちがう、
どこかはみ出《だ》している、
そこが納得《なっとく》できなくて
こわいんだ。

ウェルウィッチア

砂《さ》漠《ばく》に埋《う》まった老《ろう》婆《ば》の頭《あたま》!?

アフリカ南部《なんぶ》に広《ひろ》がる世界最古《せかいさいこ》の砂《さ》漠《ばく》、ナミブ砂漠《さばく》。年間降水量《ねんかんこうすいりょう》が25ミリにも満《み》たないこの過酷《かこく》な地《ち》は、ズタボロになりながらも**1000年以上生《ねんいじょうい》き続《つづ》ける**ウェルウィッチアの生育地《せいいくち》です。

葉《は》にはふつう寿命《じゅみょう》があります。春《はる》に芽吹《めぶ》く落葉樹《らくようじゅ》なら、秋《あき》に散《ち》っておしまいです。ところが、ウェルウィッチアの革質《かくしつ》の葉《は》は、**一生成長《いっしょうせいちょう》を続《つづ》け**ます。伸《の》ばす**葉《は》は2枚《まい》だけ**。それが伸《の》び続《つづ》け、

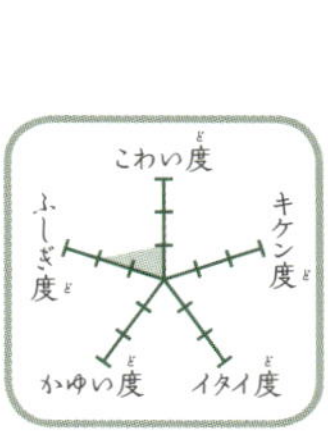

幅《はば》も長《なが》さも伸《の》びていって、長《なが》さ2メートルにもなります。ただし、葉先《はさき》は砂《さ》漠《ばく》の風雨《ふうう》でボロボロにちぎれていきます。まるで草《くさ》のように見《み》えますが、これでも木《き》です。2枚《まい》の葉《は》も、何百年《なんびゃくねん》と経《た》つうちに裂《さ》けていくため、**髪《かみ》を振《ふ》り乱《みだ》した老婆《ろうば》の頭《あたま》**のようにも見《み》え、なんとも不気味《ぶきみ》です。

ウェルウィッチア

分布《ぶんぷ》……ナミビア、アンゴラ
生育場所《せいいくばしょ》……砂漠《さばく》
根《ね》の長《なが》さ……ときに10m
別名《べつめい》……奇想天外《きそうてんがい》

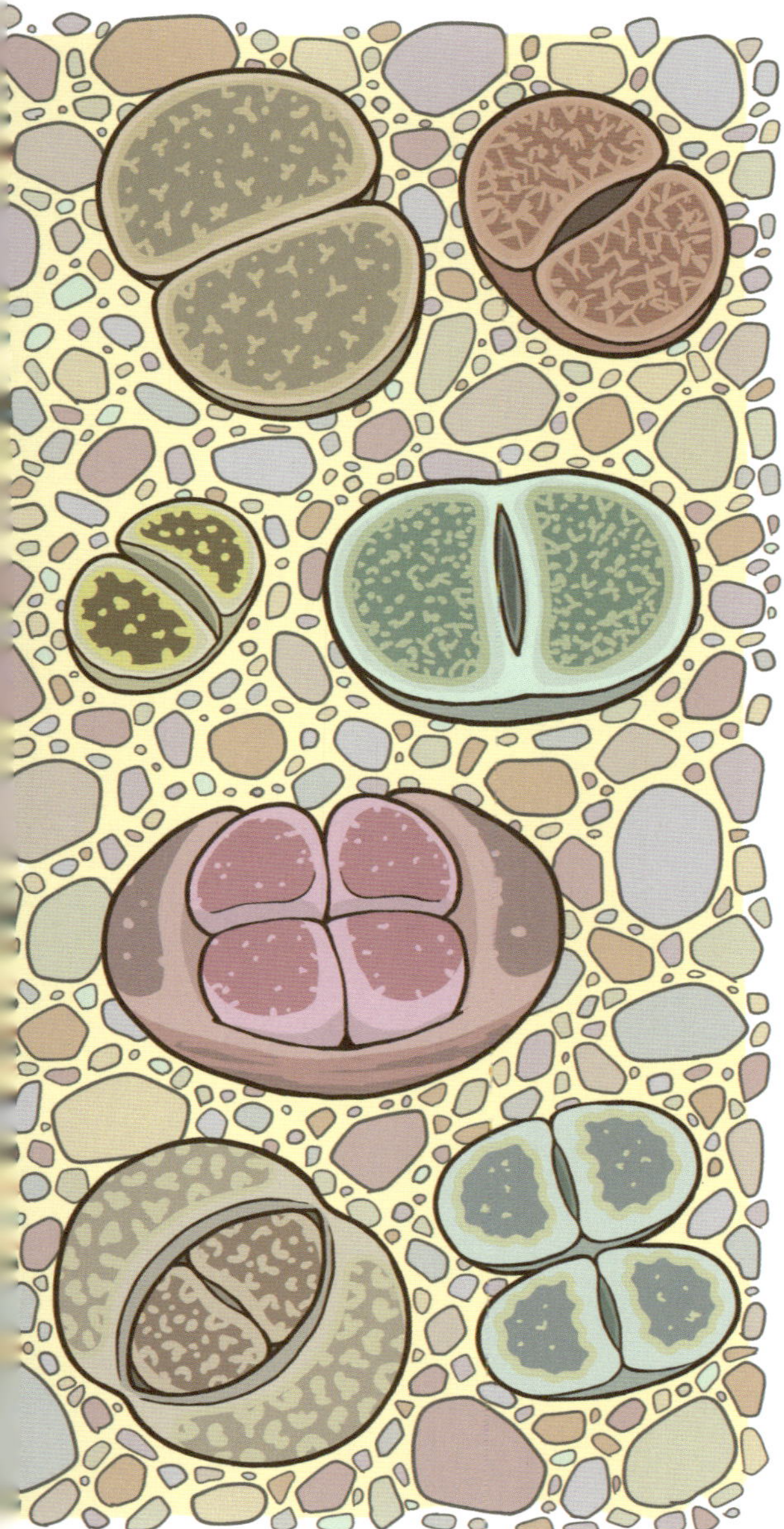

リトープス

擬態《ぎたい》も脱皮《だっぴ》もする
ヘンな植物《しょくぶつ》

リトープスはれっきとした多肉植物《たにくしょくぶつ》ですが、その**姿《すがた》は石《いし》ころのよう**です。砂利《じゃり》の多《おお》い砂漠《さばく》や岩場《いわば》に生《は》えていて、まわりに大《おお》きな植物《しょくぶつ》はありません。そこで、草食動物《そうしょくどうぶつ》に食《た》べられないよう、砂利《じゃり》のような模様《もよう》をつけて、**小石《こいし》に擬《ぎ》態《たい》**していると考《かんが》えられています。

茎《くき》はほとんどなく、乾燥《かんそう》にたえるため**異常《いじょう》に厚《あつ》くなった2枚《まい》の葉《は》**が1対《つい》あるのみ。上《うえ》から見《み》ると短《みじか》くてコロンとした葉《は》がとても奇妙《きみょう》。1年《ねん》に1回《かい》、春《はる》先《さき》に古《ふる》い葉《は》が割《わ》れ、その中《なか》から新《あたら》しい葉《は》が出《で》てきて交代《こうたい》します。まるで**脱皮《だっぴ》**のようです。

花《はな》は年《ねん》に一度《いちど》、葉《は》の切《き》れ目《め》からキクに似《に》た黄色《きいろ》や白《しろ》の花《はな》をつけます。リトープスとは、ギリシャ語《ご》で「石《いし》に似《に》ている」という意味《いみ》があります。

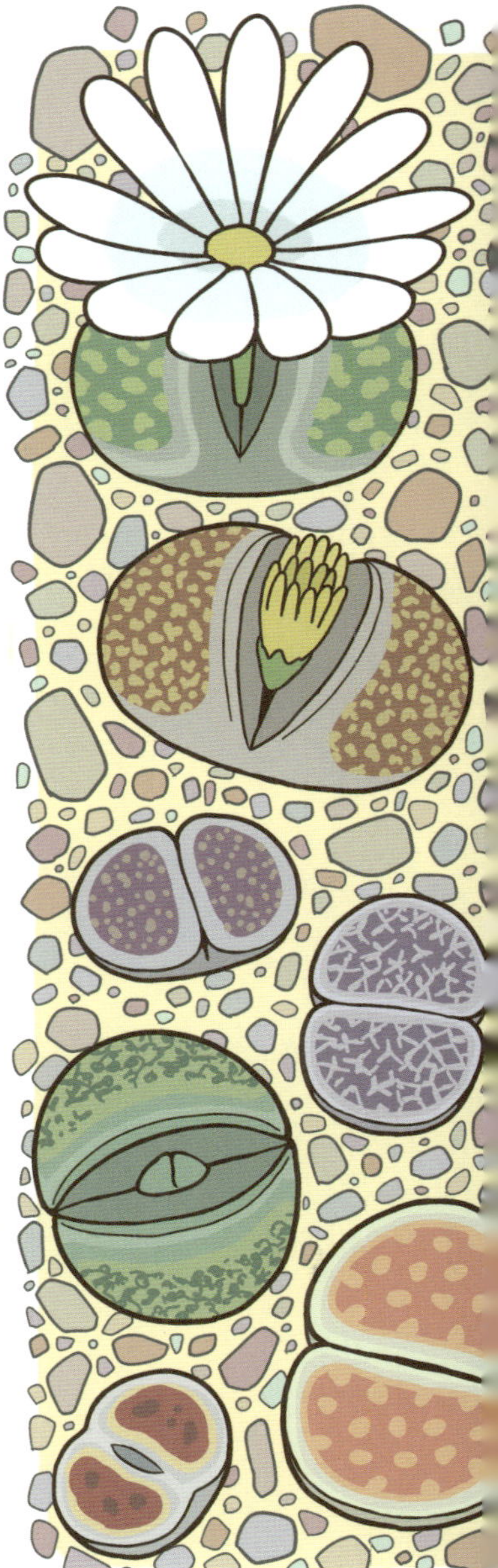

リトープス

分布《ぶんぷ》……アフリカ南部《なんぶ》
生育場所《せいいくばしょ》……乾燥地《かんそうち》、砂利《じゃり》の多《おお》い砂漠《さばく》や岩場《いわば》
高《たか》さ……約《やく》5cm
別名《べつめい》……イシコロギク、メセン

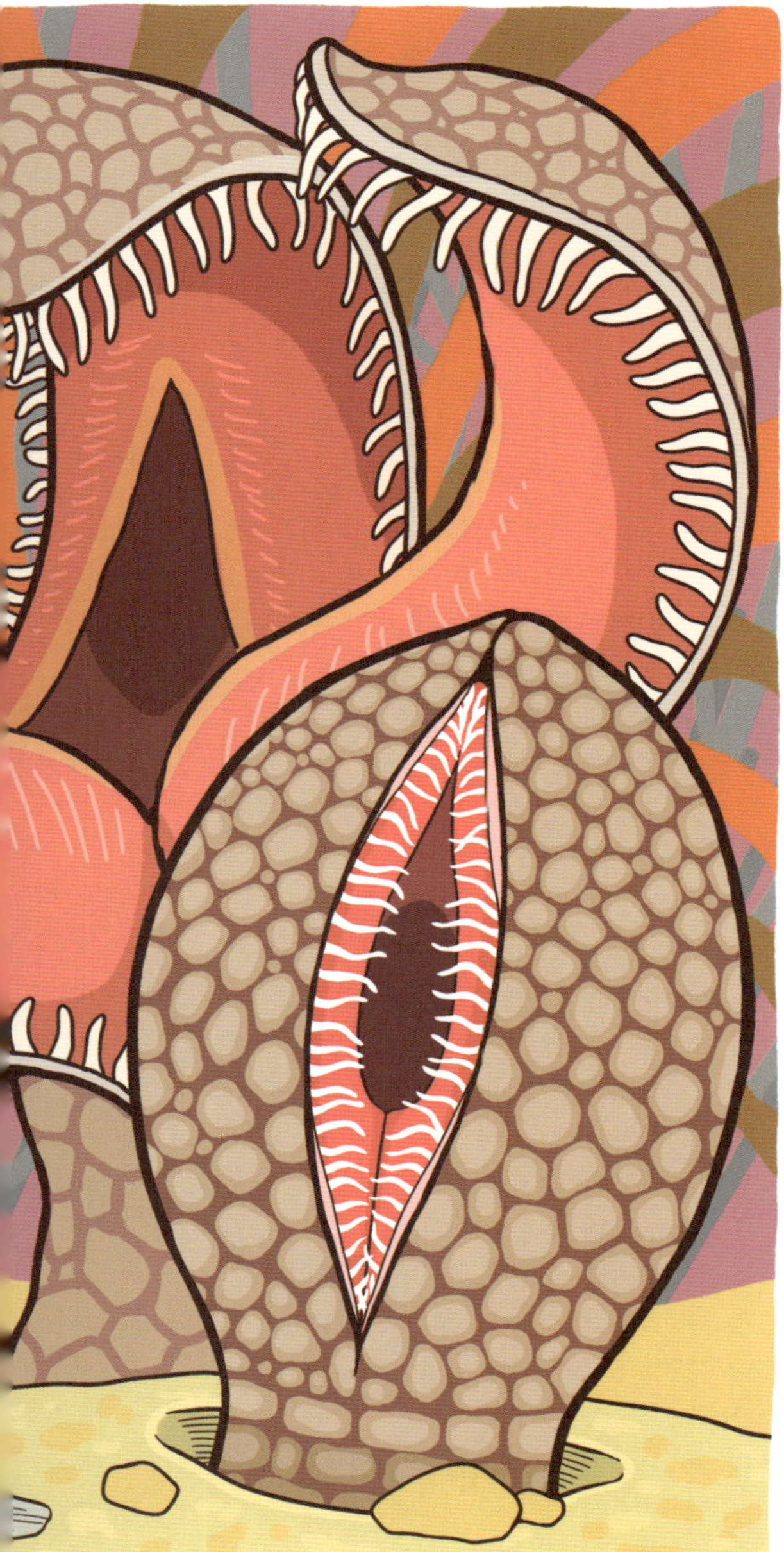

ヒドノラ・アフリカーナ

お口《くち》くさい！悪臭《あくしゅう》を放《はな》つモンスター

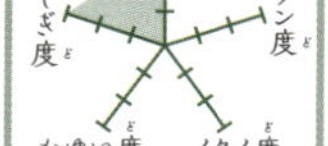

アフリカ南部《なんぶ》の乾燥地帯《かんそうちたい》、地表《ちひょう》にヌッと突《つ》き出《で》た楕円形《だえんけい》のボール。**赤茶《あかちゃ》色《いろ》の表面《ひょうめん》はライチの皮《かわ》のようにデコボコで、肉厚《にくあつ》の赤《あか》い口《くち》をパックリ**、やがて3つに分《わ》かれて広《ひろ》がります。口《くち》の周《まわ》りには白《しろ》いモシャモシャの毛《け》が生《は》え、**腐《ふ》肉《にく》やフンに似《に》た匂《にお》い**をまき散《ち》らします。

怪物《かいぶつ》のようなこのボールはヒドノラ・アフリカーナという植物《しょくぶつ》の花《はな》。ほかの植物《しょくぶつ》に寄生《きせい》して生《い》きるので、光合成《こうごうせい》をするための葉《は》はありません。寄生《きせい》する植物《しょくぶつ》の根《ね》に自分《じぶん》の寄生根《きせいこん》をへばりつけ、**水分《すいぶん》と養分《ようぶん》をうばっている**のです。

年《ねん》に一度《いちど》、根《ね》に直接花《ちょくせつはな》がつき、モンスターのような花《はな》を地上《ちじょう》で咲《さ》かせます。花《はな》が開《ひら》くと悪臭《あくしゅう》を放《はな》ち、この匂《にお》いを好《この》むフンコロガシやシデムシなどをおびき寄《よ》せ、花粉《かふん》を運《はこ》ばせるのです。

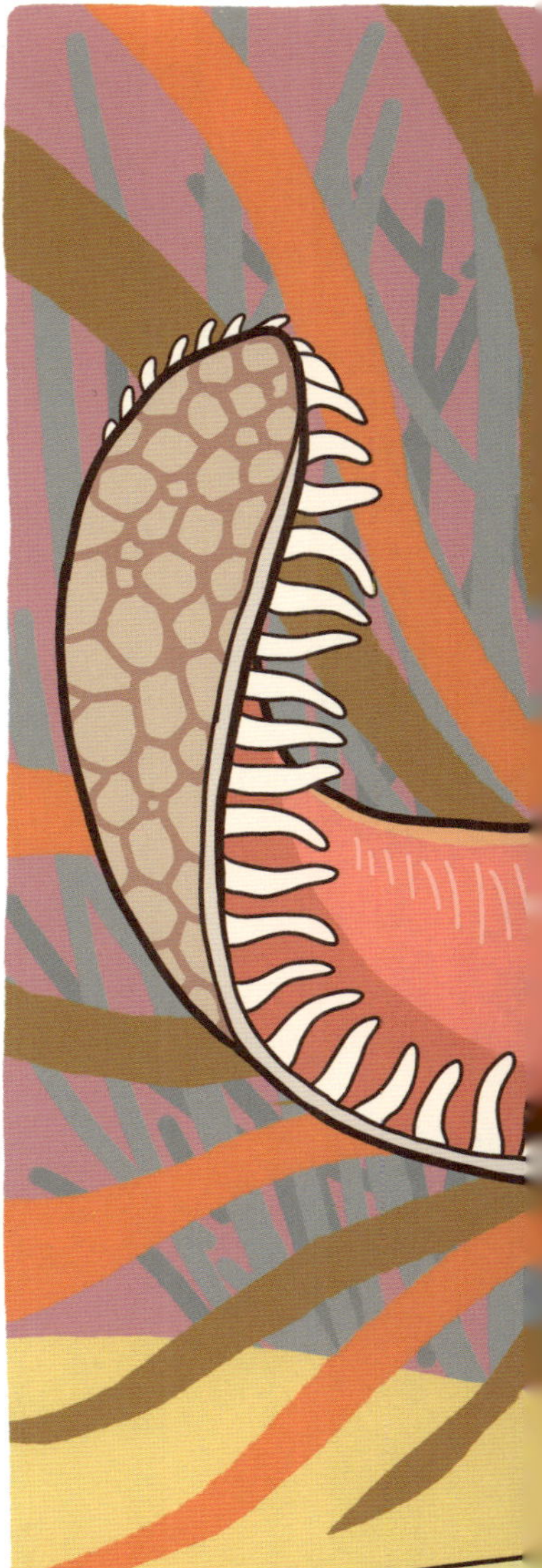

ヒドノラ・アフリカーナ

分布《ぶんぷ》……アフリカ南部《なんぶ》
生育場所《せいいくばしょ》……乾燥地《かんそうち》
花《はな》の高《たか》さ……約《やく》8 cm

ラフレシア

世界最大《せかいさいだい》の花《はな》は、強烈《きょうれつ》な死肉《しにく》の匂《にお》い

ラフレシアは、薄暗《うすぐら》い熱帯雨林《ねったいうりん》で、一生《いっしょう》に一度《いちど》だけ、**地面《じめん》から首《くび》だけ出《だ》したように巨大《きょだい》な花《はな》を咲《さ》かせます。**一《ひと》つの花《はな》としては**世界最大《せかいさいだい》。**なめし革《がわ》のような分厚《ぶあつ》い花《はな》びらは、**クリーム色《いろ》のブツブツだらけ。**花《はな》の内部《ないぶ》には突起《とっき》のついた円盤《えんばん》があり、じつに珍《めずら》しい姿《すがた》。**茎《くき》や葉《は》はなく、光合成《こうごうせい》を行《おこな》わず**に寄生生活《きせいせいかつ》を送《おく》っています。

ラフレシアの本体《ほんたい》は細《ほそ》い糸状《いとじょう》の根《ね》で、

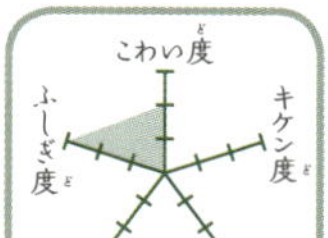

それをブドウ科《か》の植物《しょくぶつ》の根《ね》に食《く》いこませ、**水分《すいぶん》や養分《ようぶん》をうばい**ます。つぼみをつけるまで約《やく》2年《ねん》も要《よう》し、ようやく花《はな》が咲《さ》くと3日《か》後《ご》には**動物《どうぶつ》が腐《くさ》ったような嫌《いや》な匂《にお》い**がし始《はじ》め、何百匹《なんびゃっぴき》というハエが群《むら》がって花粉《かふん》を運《はこ》びます。終《しま》いには花《はな》もぬるぬると腐《くさ》りますが、果実《かじつ》の中《なか》には数百万《すうひゃくまん》個《こ》のタネができます。

ラフレシア

分布《ぶんぷ》……東南《とうなん》アジア
生育場所《せいいくばしょ》……熱帯雨林《ねったいうりん》の林床《りんしょう》
花《はな》の直径《ちょっけい》……約《やく》90ｃｍ

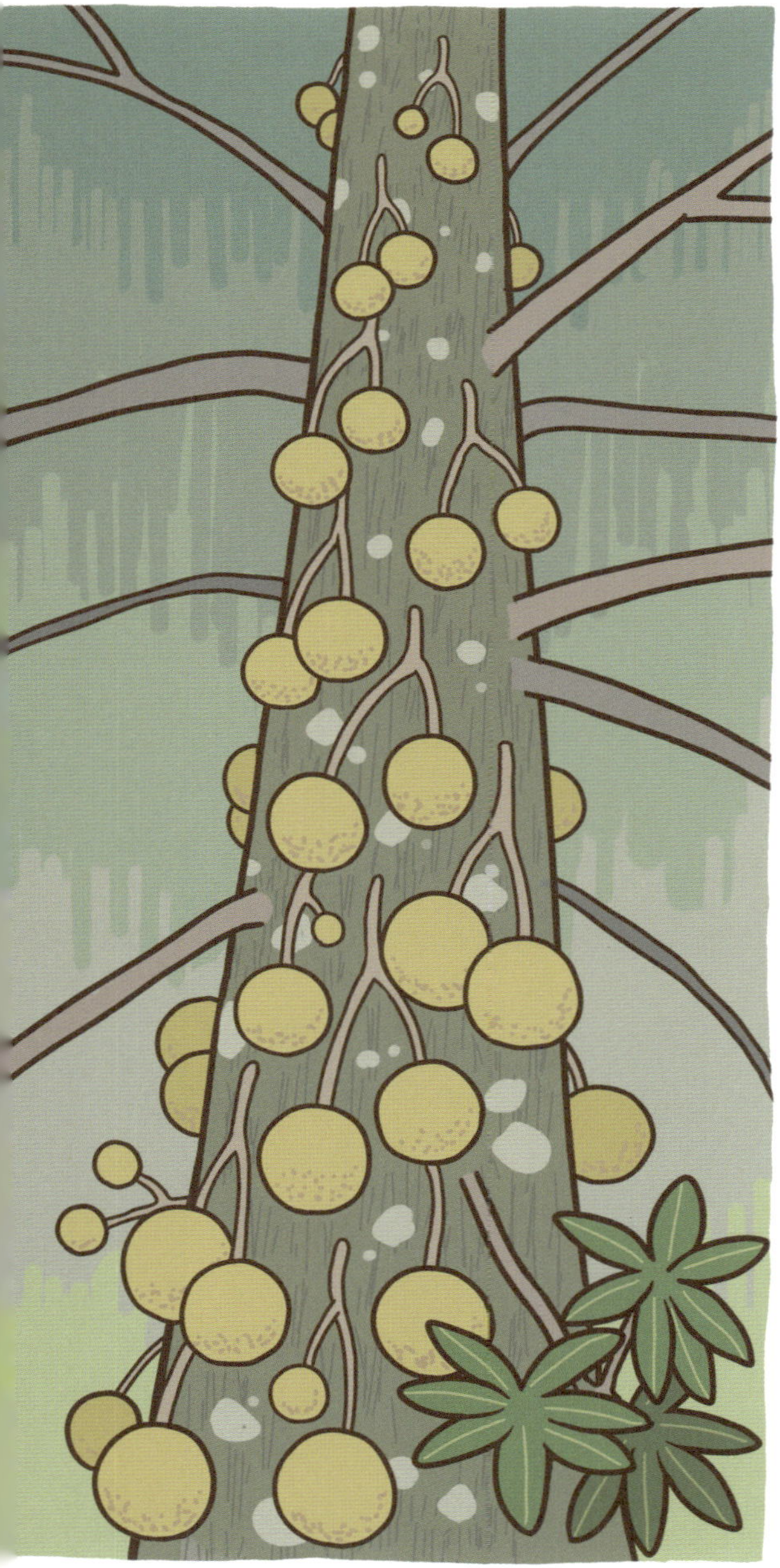

ホウガンノキ

頭上《ずじょう》に注意《ちゅうい》！「砲丸《ほうがん》」がみのる木《き》

陸上競技《りくじょうきょうぎ》の「砲丸投《ほうがんな》げ」に使《つか》う鉄《てつ》のかたまりの砲丸《ほうがん》。ホウガンノキの果実《かじつ》は、さすがに鉄《てつ》ほど重《おも》くありませんが、まさにその**砲丸《ほうがん》そっくりの見《み》た目《め》**です。熱帯地方《ねったいちほう》の国々《くにぐに》では、なぜか**公園《こうえん》や歩道《ほどう》にも植《う》えられて**いて、通行人《つうこうにん》の頭《あたま》にでも落《お》ちたら……と思《おも》うと、あまりその下《した》を通《とお》りたくはありませんね。

ホウガンノキは、**高《たか》さが20〜30メートルにもなる高木《こうぼく》**です。その地面《じめん》に近《ちか》いあたりの幹《みき》から直接《ちょくせつ》、花《はな》を咲《さ》かせる長《なが》い茎《くき》を伸《の》ばし、香《かお》りの良《よ》い赤《あか》い花《はな》を咲《さ》かせます。花《はな》は夜《よる》に咲《さ》き、コウモリが受粉《じゅふん》の手伝《てつだ》いをしています。無事《ぶじ》に受粉《じゅふん》できると、**直径《ちょっけい》20センチほどもある硬《かた》くて丸《まる》い果実《かじつ》**になります。

果実《かじつ》は熟《じゅく》すと地面《じめん》に落《お》ちて割《わ》れ、果肉《かにく》は悪臭《あくしゅう》を放《はな》ちます。

ホウガンノキ（砲丸の木）

分布《ぶんぷ》……熱帯《ねったい》アメリカ
生育場所《せいいくばしょ》……熱帯雨林《ねったいうりん》
英名《えいめい》……キャノンボールツリー

リザンテラ・ガルドネリ

真《ま》っ暗《くら》な地下《ちか》で花《はな》を咲《さ》かせる不可解《ふかかい》な植物《しょくぶつ》

リザンテラ・ガルドネリは、オーストラリアのごく限《かぎ》られた地域《ちいき》でしか発見《はっけん》されていないランの仲間《なかま》です。そして、**一生《いっしょう》を地下《ちか》でくらす**とても風変《ふうが》わりな植物《しょくぶつ》で、**花《はな》も地中《ちちゅう》に咲《さ》かせます。**偶然《ぐうぜん》見《み》つかったものがほとんどです。

くわしい生態《せいたい》はまだわかっていませんが、リザンテラ・ガルドネリの生育《せいいく》地《ち》は、フトモモ科《か》の低木《ていぼく》、メラルウカの林《はやし》で、この低木《ていぼく》に寄生《きせい》して、水分《すいぶん》や養分《ようぶん》を得《え》ていると考《かんが》えられています。

地下《ちか》で開花《かいか》するにもかかわらず、昆虫《こんちゅう》を花粉《かふん》の運《はこ》び屋《や》にしています。開花《かいか》するのはオーストラリアの冬《ふゆ》にあたる5~6月《がつ》。このころ動《うご》き回《まわ》っている昆虫《こんちゅう》はそう多《おお》くはありません。**花茎《かけい》を地表《ちひょう》ギリギリのところまで伸《の》ばし、ハエの好《す》きな腐臭《ふしゅう》で呼《よ》び寄《よ》せる**のです。

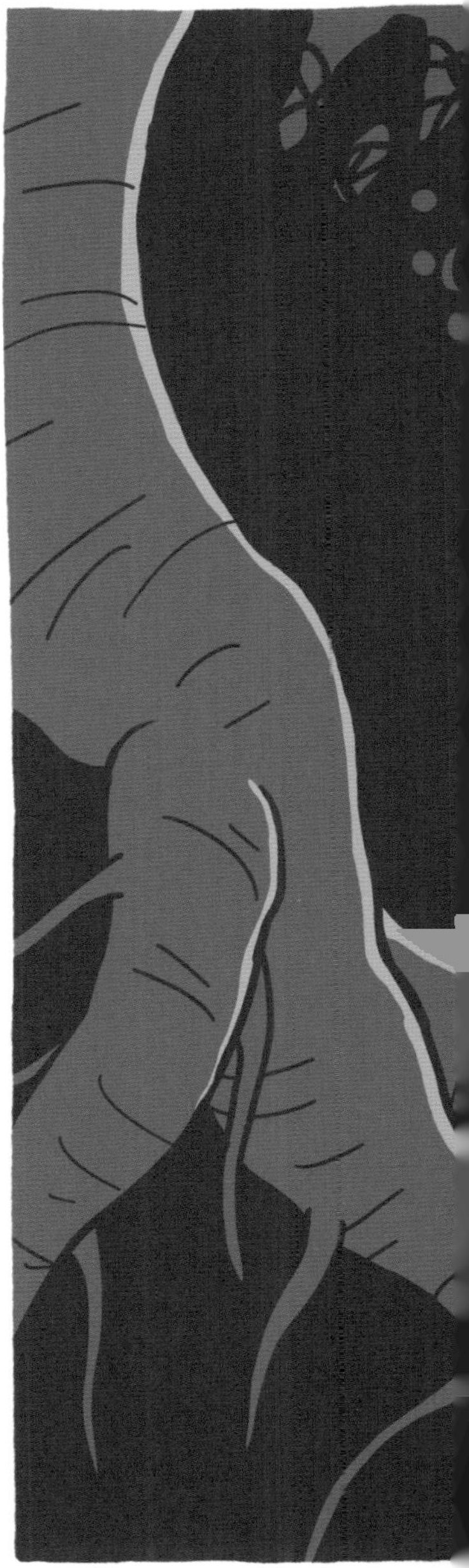

リザンテラ・ガルドネリ

分布《ぶんぷ》……オーストラリア（西《にし》オーストラリア州《しゅう》）
生育場所《せいいくばしょ》……砂《すな》まじりの粘土質《ねんどしつ》の土中《どちゅう》
花《はな》の直径《ちょっけい》……４～５ｃｍ

サウスレア・ラニケプス

高地《こうち》に生《は》えるもこもこお化《ば》け

サウスレア・ラニケプスは、世界《せかい》の屋根《やね》と言《い》われるヒマラヤ山脈《さんみゃく》に生《は》えている植物《しょくぶつ》で、**毛糸《けいと》のお化《ば》け**のような不《ふ》思議《しぎ》な姿《すがた》をしています。

茎《くき》の上部《じょうぶ》についている葉《は》にびっしり生《は》えた**長《なが》い綿毛《わたげ》が、花粉《かふん》を運《はこ》ぶハナバチの出入《でい》りする小《ちい》さな穴《あな》を残《のこ》して、花《はな》をすっぽり包《つつ》みこんでいる**のです。

ヒマラヤの高地《こうち》は、夏《なつ》といえども**夜《よる》の気温《きおん》は氷点下《ひょうてんか》。**綿毛《わたげ》で花《はな》を包《つつ》んで寒《さむ》さを防《ふせ》ぐのです。ここでくらす以上《いじょう》、短《みじか》い夏《なつ》の間《あいだ》に太陽《たいよう》エネルギーを効率《こうりつ》よく吸収《きゅうしゅう》し、早《はや》く成熟《せいじゅく》する必要《ひつよう》があります。また、天気《てんき》が急変《きゅうへん》した時《とき》のハナバチの避難所《ひなんじょ》も用意《ようい》しなくてはなりません。かくして、保温《ほおん》と危機管理《ききかんり》の工夫《くふう》の末《すえ》、綿毛《わたげ》で身《み》を包《つつ》むことになったのです。

サウスレア・ラニケプス

分布《ぶんぷ》……中国南部《ちゅうごくなんぶ》、チベット、ネパール
生育場所《せいいくばしょ》……4500ｍ以上《いじょう》の高山帯《こうざんたい》の岩場《いわば》
高《たか》さ……10～30ｃｍ

イガゴヨウマツ

幹《みき》がねじくれた恐《おそ》ろしい姿《すがた》の、世《せ》界《かい》最《さい》古《こ》の生《せい》命《めい》体《たい》

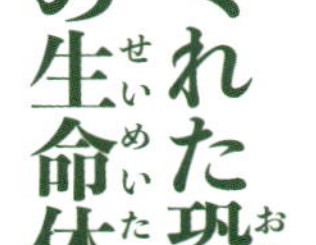

ここはアメリカ合衆国《がっしゅうこく》西部《せいぶ》に位置《いち》する標高《ひょうこう》3000メートルほどの高地《こうち》です。背《せ》の高《たか》い木《き》は見当《みあ》たらず、あたりは地《ち》をはうような低木《ていぼく》がまばらに生《は》える荒《あ》れ地《ち》が広《ひろ》がるばかり。絶《た》えず吹《ふ》きつける強風《きょうふう》をさえぎるものはなく、ここで生《い》きるものはひどい寒《さむ》さや極度《きょくど》の乾燥《かんそう》にたえなければなりません。土壌《どじょう》は養分《ようぶん》も少《すく》なく、**植物《しょくぶつ》にとってもっとも過酷《かこく》**な土地《とち》と言《い》っていいでしょう。

ところがここには、地上《ちじょう》に生《い》きる最《さい》古《こ》の生命体《せいめいたい》と言《い》われる、イガゴヨウマツが生《は》えています。木《き》の高《たか》さは10メートル程度《ていど》と低《ひく》く、**乾燥《かんそう》や強風《きょうふう》で幹《みき》はねじくれて、**見《み》るも恐《おそ》ろしい姿《すがた》。**体《からだ》の一《いち》部《ぶ》を枯《か》らして、最低限《さいていげん》の水分《すいぶん》や養分《ようぶん》で生《い》きる**という方法《ほうほう》で、数千年《すうせんねん》を生《い》き続《つづ》けているのです。

イガゴヨウマツ（イガ五葉松）

分布《ぶんぷ》……アメリカ合衆国《がっしゅうこく》（インヨー国有林《こくゆうりん》）
高《たか》さ……5～15m
英名《えいめい》……ブリッスルコーンパイン

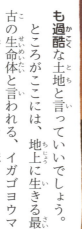

リュウケツジュ

幹《みき》から真《ま》っ赤《か》な血《ち》を流《なが》す木《き》

アラビア半島《はんとう》の南《みなみ》に浮《う》かぶ、「インド洋《よう》のガラパゴス」と呼《よ》ばれるソコトラ島《とう》。雨《あめ》がほとんど降《ふ》らず、カラカラに乾燥《かんそう》したこの地《ち》で数百年《すうひゃくねん》から千年《せんねん》以《い》上《じょう》も生《い》き続《つづ》ける木《き》があります。リュウケツジュです。**巨大《きょだい》な傘《かさ》を広《ひろ》げたような不思議《ふしぎ》な木《き》の形《かたち》**が特徴《とくちょう》です。

平均的《へいきんてき》な樹齢《じゅれい》は180～350年《ねん》。樹齢《じゅれい》200年《ねん》を超《こ》えた木《き》の幹《みき》に傷《きず》をつけると、たらたらと真《ま》っ赤《か》な血《ち》を流《なが》します。**この木《き》の樹液《じゅえき》は血《ち》のような赤《あか》い色《いろ》**をしているのです。

この樹液《じゅえき》が固《かた》まったものは「シナバル（竜血《りゅうけつ》）」と呼《よ》ばれ、古代《こだい》から島《しま》の特産品《とくさんひん》で、止血《しけつ》などの薬《くすり》や、染料《せんりょう》として珍重《ちんちょう》されてきました。カナリア諸島《しょとう》やモロッコなどにも、これに近《ちか》い仲間《なかま》のリュウケツジュが生育《せいいく》しています。

リュウケツジュ（竜血樹）

分布《ぶんぷ》……ソコトラ島《とう》（イエメン）
生育場所《せいいくばしょ》……乾燥地《かんそうち》
高《たか》さ……約《やく》20m

レインボーユーカリ

自然《しぜん》の色《いろ》とは思《おも》えない！
虹色《にじいろ》に輝《かがや》く木《き》があった！

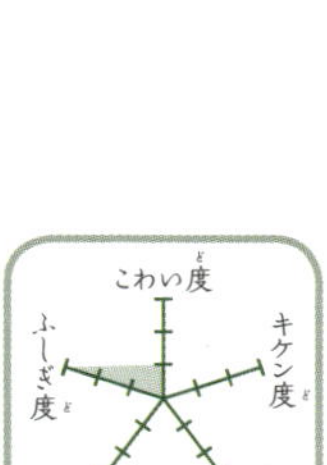

レインボーユーカリは、世界《せかい》でただ一《ひと》つ、**幹《みき》が虹色《にじいろ》に色《いろ》づく樹木《じゅもく》!** なんとも奇妙《きみょう》な特徴《とくちょう》です。ユーカリと聞《き》くと、コアラが食《た》べる木《き》として、南半球《みなみはんきゅう》のオーストラリアに生育《せいいく》するイメージがあります。しかし、レインボーユーカリだけは北半球《きたはんきゅう》に自生《じせい》するという、やはり風変《ふうが》わりな木《き》のようです。

ユーカリの樹皮《じゅひ》はときどきたてに裂《さ》けて、パラパラとはがれ落《お》ち、内側《うちがわ》の新《あたら》しい緑色《みどりいろ》の樹皮《じゅひ》が現《あらわ》れます。レインボーユーカリは、この真新《まあたら》しい緑色《みどりいろ》の樹皮《じゅひ》が、**青《あお》、紫《むらさき》、ピンク、オレンジ、など時間《じかん》とともに変化《へんか》**していきます。

これは、気候《きこう》の変化《へんか》で葉《は》の色《いろ》が変《か》わる紅葉《こうよう》と同《おな》じ仕組《しく》みで、樹皮《じゅひ》で**色素《しきそ》の分解《ぶんかい》や合成《ごうせい》**が行《おこな》われることで、色《いろ》が変《へん》化《か》するのです。

レインボーユーカリ

分布《ぶんぷ》……フィリピン、インドネシア、パプアニューギニア
生育場所《せいいくばしょ》……熱帯林《ねったいりん》
高《たか》さ……約《やく》70m
別名《べつめい》……ミンダナオ・ガム

ウォーキングパーム

光《ひかり》を求《もと》めて木《き》が歩《ある》く!?

ウォーキングパームは、ヤシ科《か》の植《しょく》物《ぶつ》です。ヤシの木《き》と言《い》えば、日光《にっこう》がさんさんと降《ふ》り注《そそ》ぐ南国《なんごく》の海辺《うみべ》を想像《そうぞう》しますが、このヤシが生育場所《せいいくばしょ》に選《えら》んだのは、昼《ひる》でも暗《くら》い熱帯《ねったい》の密林《みつりん》です。

ウォーキングパームは、少《すこ》しでも**日《にっ》光《こう》が差《さ》すところがあれば、その方向《ほうこう》に体《からだ》を傾《かたむ》けて成長《せいちょう》**します。苦《くる》しい体勢《たいせい》でも仕方《しかた》ありません。倒《たお》れてしまわないように、幹《みき》の途中《とちゅう》から**足《あし》のような支柱《しちゅう》根《こん》を伸《の》ばして**体《からだ》を支《ささ》えます。日光《にっこう》があたる側《がわ》の支柱根《しちゅうこん》は元気《げんき》に成長《せいちょう》しますが、反対側《はんたいがわ》の支柱根《しちゅうこん》はお役御免《やくごめん》。**腐《くさ》ってなくなって**しまいます。それを繰《く》り返《かえ》して「移動《いどう》する」、つまり、「歩《ある》き回《まわ》る」ということになるわけです。その移動《いどう》距離《きょり》は、1年《ねん》に10センチとか、20メートルとかさまざまな意見《いけん》があります。

ウォーキングパーム

分布《ぶんぷ》……中央《ちゅうおう》アメリカ〜南《みなみ》アメリカ
生育場所《せいいくばしょ》……熱帯林《ねったいりん》
高《たか》さ……15〜20m

バンクシア

山火事《やまかじ》にあうと 口《くち》だらけのモンスターに

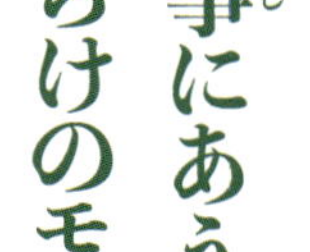

バンクシアは、黄色《きいろ》やオレンジ、赤《あか》の小《ちい》さな花《はな》が1000個以上《こいじょう》も集《あつ》まって咲《さ》き、ブラシのような変《か》わった形《かたち》になる植物《しょくぶつ》です。たっぷりの蜜《みつ》を用意《ようい》して、花粉《かふん》の運《はこ》び屋《や》、インコなどの鳥《とり》に食《た》べさせます。受粉後《じゅふんご》、約《やく》1年《ねん》かけて熟《じゅく》しますが、実《み》ができるのは、ほんの少《すこ》し。硬《かた》い茶色《ちゃいろ》の果実《かじつ》は、まるで**口《くち》がたくさんついたモンスター**のようです。

みのった果実《かじつ》は何年《なんねん》もそのままで、**山火事《やまかじ》にあって黒《くろ》こげにならなければ、殻《から》が開《ひら》かない**ようになっています。これは、まわりの植物《しょくぶつ》が焼《や》きはらわれることで日光《にっこう》が十分《じゅうぶん》にあたり、その上《うえ》、灰《はい》が肥料《ひりょう》になった地面《じめん》にタネを落《お》とすためなのです。

オーストラリアは乾燥《かんそう》して山火事《やまかじ》の多《おお》い気候《きこう》のため、理《り》にかなっています。

バンクシア

分布《ぶんぷ》……オーストラリア
生育場所《せいいくばしょ》……乾燥地《かんそうち》
高《たか》さ……約《やく》25m

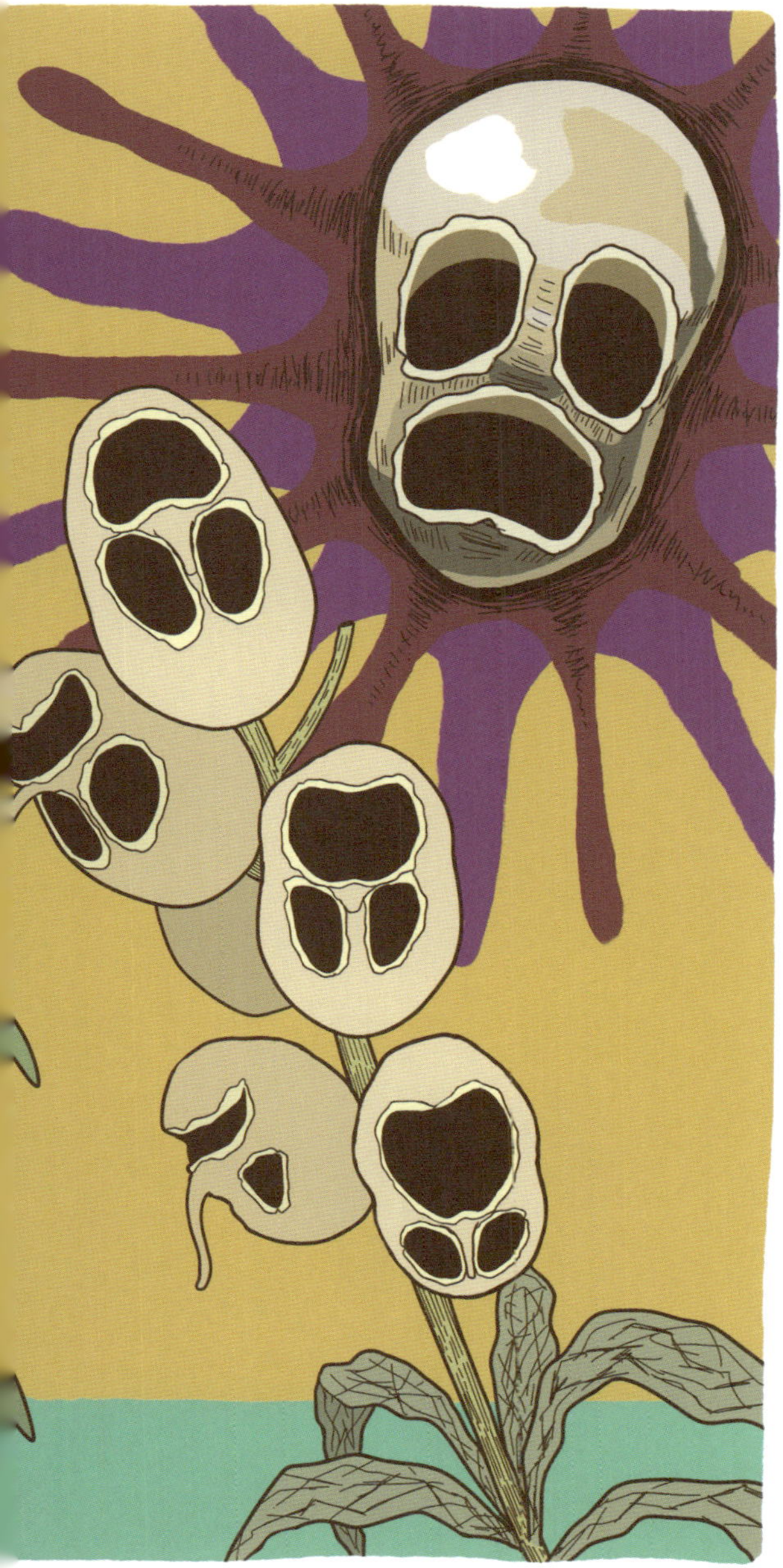

キンギョソウ

かわいい金魚《きんぎょ》から一転《いってん》、
目《め》からタネを吐《は》き出《だ》すドクロに

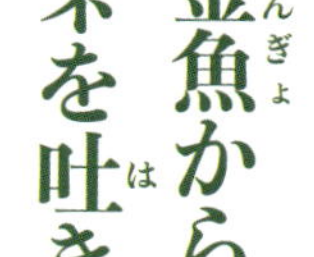

日本《にほん》でも観賞用《かんしょうよう》としてよく栽培《さいばい》されているキンギョソウ。尾《お》びれをひらひらさせながら泳《およ》ぐ、金魚《きんぎょ》のような可憐《かれん》な花《はな》の姿《すがた》から名前《なまえ》がつきました。

キンギョソウの花《はな》は、茎《くき》の下《した》から順《じゅん》番《ばん》に咲《さ》いていき、咲《さ》き終《お》わると花《はな》びらが落《お》ちて、緑色《みどりいろ》の実《み》がふくらみ始《はじ》めます。しかし、熟《じゅく》して茶色《ちゃいろ》に乾《かわ》き始《はじ》めると、一転《いってん》、不吉《ふきつ》な雰囲気《ふんいき》が……。

熟《じゅく》した果実《かじつ》は、3ヵ所《かしょ》にひびが入《はい》ります。乾燥《かんそう》が進《すす》むと、そのひびが、ちょうど**目《め》と口《くち》の位置《いち》や形《かたち》にパックリ裂《さ》け**、めしべの残骸《ざんがい》はとがった鼻《はな》に形《かたち》を変《か》え、その様相《ようそう》はいつの間《ま》にかシャレコウベ！　**ドクロタワーに変貌《へんぼう》**します。おまけに**目《め》や口《くち》からは、黒《くろ》い小《ちい》さなタネをゾクゾク吐《は》き出《だ》して**、あたりにまき散《ち》らします。

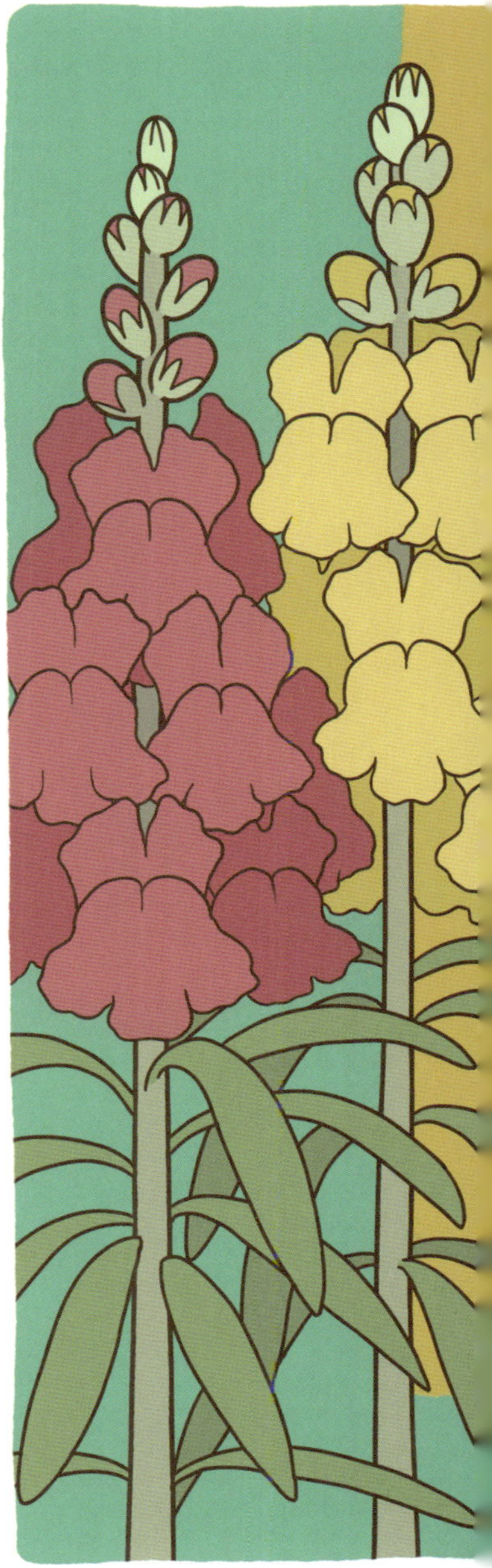

キンギョソウ（金魚草）

原産地《げんさんち》……地中海沿岸《ちちゅうかいえんがん》
生育場所《せいいくばしょ》……日《ひ》あたりの良《よ》い場所《ばしょ》
高《たか》さ……30〜130ｃｍ
英名《えいめい》……スナップドラゴン（噛《か》みつき龍《りゅう》）

植物《しょくぶつ》はすごい！

地球《ちきゅう》にはじつに多《おお》くの植物《しょくぶつ》が生《は》えています。名前《なまえ》がついているものだけでも約《やく》27万種《まんしゅ》あります。そして、どんなに硬《かた》い岩盤《がんばん》でも、生《い》きづらい乾燥地《かんそうち》でも、植物《しょくぶつ》は長《なが》い時間《じかん》をかけて大地《だいち》をくだき、根《ね》を張《は》って、地球上《ちきゅうじょう》のありとあらゆる場所《ばしょ》でくらしています。

なかには、虫《むし》を食《た》べる植物《しょくぶつ》、毒《どく》やトゲをもって身《み》を守《まも》る植物《しょくぶつ》、ほかの植物《しょくぶつ》から養分《ようぶん》

を盗《ぬす》む植物《しょくぶつ》、姿《すがた》を大《おお》きく変《か》えて生《い》きる植物《しょくぶつ》など、ちょっと変《か》わった生《い》き方《かた》をしている植物《しょくぶつ》もいます。

これらは全《すべ》て、植物《しょくぶつ》が生《い》きるために長《なが》い時間《じかん》をかけて獲得《かくとく》してきたワザ。どの植物《しょくぶつ》も子孫《しそん》を残《のこ》すために、動物《どうぶつ》と同《おな》じくらいしたたかに、必死《ひっし》に生《い》きているのです。

みなさんの周《まわ》りに生《は》えている植物《しょくぶつ》も、みなさんが今《いま》生《い》きているのと同《おな》じように、しっかりと生《い》きています。葉《は》に多《おお》くの光《ひかり》があたるようにしたり、雨《あめ》の日《ひ》には大切《たいせつ》な花《はな》がぬれないように閉《と》じていたり、動《うご》いています。普段《ふだん》見過《みす》ごしているすぐそこの植物《しょくぶつ》が、驚《おどろ》きの工夫《くふう》をしています。毎日《まいにち》観察《かんさつ》しているときっと何《なに》かを発見《はっけん》できるでしょう。

植物《しょくぶつ》の用語《ようご》解説《かいせつ》

この本《ほん》に出《で》てくる、植物《しょくぶつ》に関《かん》するおもな用語《ようご》を解説《かいせつ》しています。
矢印《やじるし》は関連《かんれん》する用語《ようご》です。

維管束《いかんそく》
植物《しょくぶつ》の体《からだ》の中《なか》を通《かよ》っている管《くだ》で、水《みず》と養分《ようぶん》の通路《つうろ》。体《からだ》を支《ささ》える役割《やくわり》ももつ。

花茎《かけい》
タンポポのように、地表付近《ちひょうふきん》に葉《は》をつける植物《しょくぶつ》が、花《はな》を高《たか》い位置《いち》につけるために出《だ》す茎《くき》。

帰化植物《きかしょくぶつ》
人《ひと》の活動《かつどう》によって国外《こくがい》から持《も》ちこまれ、野生《やせい》状態《じょうたい》となった植物《しょくぶつ》。→**自生植物《じせいしょくぶつ》**

寄生根《きせいこん》
宿主植物《しゅくしゅしょくぶつ》から養分《ようぶん》を得《え》るための、寄生植物《きせいしょくぶつ》の特殊化《とくしゅか》した根《ね》。

寄生植物《きせいしょくぶつ》
ほかの生《い》きた植物《しょくぶつ》から養分《ようぶん》を吸収《きゅうしゅう》して生《い》きる植物《しょくぶつ》。→**宿主植物《しゅくしゅしょくぶつ》**

救荒植物《きゅうこうしょくぶつ》
飢饉《ききん》や戦争《せんそう》などで食料《しょくりょう》が不足《ふそく》した時《とき》に、間《ま》に合《あ》わせで利用《りよう》される代用食物《だいようしょくもつ》。

光合成《こうごうせい》
植物《しょくぶつ》が光《ひかり》を使《つか》って、葉緑体《ようりょくたい》で水《みず》と二酸化炭素《にさんかたんそ》からぶどう糖《とう》（養分《ようぶん》）を作《つく》りだすこと。

細胞壁《さいぼうへき》
植物細胞《しょくぶつさいぼう》の最外部《さいがいぶ》の構造《こうぞう》で、やや硬《かた》い。陸《りく》上植物《じょうしょくぶつ》では、植物体《しょくぶつたい》を支《ささ》えるのに重要《じゅうよう》。

自生植物《じせいしょくぶつ》
人《ひと》の活動《かつどう》によらず、自然《しぜん》に分布《ぶんぷ》、生育《せいいく》している植物《しょくぶつ》。→**帰化植物《きかしょくぶつ》**

支柱根《しちゅうこん》
茎《くき》のとちゅうから地面《じめん》に向《む》かって伸《の》び、植物《しょくぶつ》を支《ささ》える働《はたら》きをする根《ね》。

子房《しぼう》
雌《め》しべの一部《いちぶ》で、中《なか》に種子《しゅし》になる「胚珠《はいしゅ》」という部分《ぶぶん》がある。熟《じゅく》すと果実《かじつ》になる。

宿主植物《しゅくしゅしょくぶつ》
寄生植物《きせいしょくぶつ》から養分《ようぶん》を吸収《きゅうしゅう》される植物《しょくぶつ》。

受粉《じゅふん》
花粉《かふん》が雌《め》しべの先《さき》につくこと。花粉《かふん》の精細胞《せいさいぼう》と雌《め》しべの卵細胞《らんさいぼう》が合体《がったい》すると種子《しゅし》ができる。

常緑樹《じょうりょくじゅ》
一年中《いちねんじゅう》葉《は》をつけている樹木《じゅもく》。葉《は》は少《すこ》しずつ入《い》れ替《か》わる。→**落葉樹《らくようじゅ》**

ずい柱《ちゅう》
雌《め》しべと雄《お》しべが1本《ぽん》に合体《がったい》したもの。ガガイモやラン類《るい》に見《み》られる。

苞《ほう》
花《はな》の基部《きぶ》にある葉《は》で、つぼみの時《とき》は花《はな》を包《つつ》んでいた。大《おお》きさや形《かたち》、質《しつ》はさまざま。

捕虫葉《ほちゅうよう》
食虫植物《しょくちゅうしょくぶつ》で見《み》られ、獲物《えもの》を捕《と》らえるように変形《へんけい》した葉《は》。

葉緑体《ようりょくたい》
植物《しょくぶつ》の細胞内《さいぼうない》にあり、光合成《こうごうせい》を行《おこな》うところ。緑色《みどりいろ》の色素《しきそ》（葉緑素《ようりょくそ》）をふくむ。

落葉樹《らくようじゅ》
冬期《とうき》や乾期《かんき》など一年《いちねん》の一定期間《いっていきかん》、葉《は》を落《お》とす樹木《じゅもく》。葉《は》はほぼ同時期《どうじき》に散《ち》る。→**常緑樹《じょうりょくじゅ》**

林縁《りんえん》
森林《しんりん》の縁《ふち》。草地《くさち》など明《あか》るい場所《ばしょ》に接《せっ》し、つる植物《しょくぶつ》や低木《ていぼく》などが生《は》える。

林床《りんしょう》
森林《しんりん》の地表面《ちひょうめん》。暗《くら》いために、弱《よわ》い光《ひかり》で生育《せいいく》できる丈《たけ》の低《ひく》い植物《しょくぶつ》がわずかに生《は》える。

さくいん

太字は、この本で紹介している植物の名前です。
太字以外は、紹介している植物の別名や英名、またはコラムで紹介している植物の名前です。

ア

カ

マ

ヤ・ラ

小林正明《こばやしまさあき》＝監修
1942年長野県生まれ。信州大学教育学部卒業。長野県内で高校教員を歴任。2002年に長野県飯田高等学校長を定年退職後、飯田女子短期大学教授に就任、信州大学農学部非常勤講師兼任。2013年に退職。現在は伊那谷の自然を守る活動を行っている。伊那谷自然友の会会長。監修に『ポプラディア情報館 植物のふしぎ』（ポプラ社）、著書に『花からたねへ－種子散布を科学する－』（全国農村教育協会）、『身近な植物から花の進化を考える』（東海大学出版会）などがある。

高橋《たかはし》のぞむ＝絵
1993年北海道生まれ。生き物の絵を得意とするイラストレーター、漫画家。一番好きな生き物はクジラ。子供のころの自由研究では手作りの動物図鑑を制作するなど、幼少期から生き物のイラストを描いている。珍しい生き物や身近な動物を、ほっこりする“ゆるカワ”なイラストと、独特な着眼点で書かれる小ネタ満載で紹介する「つぶやきいきもの図鑑」シリーズをTwitterに掲載し､人気を博す。著書に『世界一ゆるい いきもの図鑑』（池田書店）がある。

STAFF
カバーデザイン　TYPEFACE（渡邊民人）
本文デザイン　TYPEFACE（清水真理子）
文・協力　佐藤俊江　ルデラル（佐藤浩一）
編集／文・協力　アマナ／ネイチャー＆サイエンス（佐藤暁）

ほんとうはこわい植物図鑑《しょくぶつずかん》

2018年7月30日　初版発行

監修者　小林正明
発行者　佐藤龍夫
発　行　株式会社 大泉書店
住 所　〒162-0805
東京都新宿区矢来町27
電 話：03-3260-4001(代)　FAX：03-3260-4074
振 替 00140-7-1742

印刷・製本　株式会社シナノ

URL　http://www.oizumishoten.co.jp/
ISBN 978-4-278-08403-0　C8045

落丁、乱丁本は小社にてお取替えいたします。
本書の内容についてのご質問は、ハガキまたはFAXにてお願いいたします。